과학공화국
지구법정

8
별과 우주

과학공화국 지구법정 8
별과 우주

ⓒ 정완상, 2007

초판 1쇄 발행일 | 2007년 12월 31일
초판 16쇄 발행일 | 2022년 7월 13일

지은이 | 정완상
펴낸이 | 정은영
펴낸곳 | (주)자음과모음

출판등록 | 2001년 11월 28일 제2001-000259호
주소 | 10881 경기도 파주시 회동길 325-20
전화 | 편집부 (02)324-2347, 경영지원부 (02)325-6047
팩스 | 편집부 (02)324-2348, 경영지원부 (02)2648-1311
e-mail | jamoteen@jamobook.com

ISBN 978-89-544-1477-7 (04450)

과학공화국
지구법정

정완상(국립 경상대학교 교수) 지음

|주|자음과모음

생활 속에서 배우는 기상천외한 과학 수업

처음 법정 원고를 들고 출판사를 찾았던 때가 새삼스럽게 생각납니다. 당초 이렇게까지 장편 시리즈로 될 거라고는 상상도 못하고 단 한 권만이라도 생활 속의 과학 이야기를 재미있게 담은 책을 낼 수 있었으면 하는 마음이었습니다. 그런 소박한 마음에서 출발한 '과학공화국 법정 시리즈'는 과목별 10편까지 총 50권이라는 방대한 분량으로 제작되었습니다.

과학공화국! 물론 제가 만든 단어이긴 하지만 과학을 전공하고 과학을 사랑하는 한 사람으로서 너무나 멋진 이름입니다. 그리고 저는 이 공화국에서 벌어지는 황당한 사건들을 과학의 여러 분야와 연결시키려는 노력을 하였습니다.

매번 에피소드를 만들어 내려다 보니 머리에 쥐가 날 때도 한두 번이 아니었고 워낙 출판 일정이 빡빡하게 진행되는 관계로 이 시리즈를 집필하면서 솔직히 너무 힘들어, 적당한 권수에서 원고를 마칠까 하는 마음이 굴뚝같았습니다. 하지만 출판사에서는 이왕 시작한 시리즈이므로 각 과목마다 10편까지 총 50권으로 완성을 하자고 했고 저는 그 제안을 수락하게 되었습니다.

하지만 보람은 있었습니다. 교과서 과학의 내용을 생활 속 에피소드에 녹여 저 나름대로 재판을 하는 과정은 마치 제가 과학의 신이 된 듯 뿌듯하기도 했고, 상상의 나라인 과학공화국에서 즐거운 상상들을 마음껏 펼칠 수 있어서 좋았습니다.

과학공화국 시리즈 덕분에 저는 많은 초등학생과 학부모님들을 만나서 이야기를 나누었습니다. 그리고 그분들이 이 책을 재밌게 읽어 주고 과학을 점점 좋아하게 되는 모습을 지켜보며 좀 더 좋은 원고를 쓰고자 더욱 노력했습니다.

끝으로 이 책을 쓰는 데 도움을 준 (주)자음과모음의 강병철 사장님과 모든 식구들에게 감사를 드리며 주말도 없이 함께 일해 준 과학창작 동아리 'SCICOM'의 모든 식구들에게 감사를 드립니다.

진주에서

정완상

목차

어쓰 변호사

지구법정의 탄생

과학공화국이라고 부르는 나라가 있었다. 이 나라에는 과학을 좋아하는 사람이 모여 살고 인근에는 음악을 사랑하는 사람들이 살고 있는 뮤지오 왕국과 미술을 사랑하는 사람들이 사는 아티오 왕국 또는 공업을 장려하는 공업공화국 등 여러 나라가 있었다.

과학공화국은 다른 나라 사람들에 비해 과학을 좋아했지만 과학의 범위가 넓어 어떤 사람은 물리나 수학을 좋아하는 반면 또 어떤 사람은 지구과학을 좋아하기도 하고 그랬다.

특히 다른 모든 과학 중에서 자신들이 살고 있는 행성인 지구의 신비를 벗기는 지구과학의 경우 과학공화국의 명성에 맞지 않게 국민들의 수준이 그리 높은 편은 아니었다. 그리하여 지리공화국의 아이들과 과학공화국의 아이들이 지구에 관한 시험을 치르면 오히려 지리공화국 아이들의 점수가 더 높을 정도였다.

특히 최근 인터넷이 공화국 전체에 퍼지면서 게임에 중독된 과학공화국 아이들의 과학 실력은 기준 이하로 떨어졌다. 그러다 보니 자연과학 과외나 학원이 성행하게 되었고 그런 와중에 아이들에게 엉터리 과학을 가르치는 무자격 교사들도 우후죽순 나타나기 시작했다.

지구과학은 지구의 모든 곳에서 만나게 되는데 과학공화국 국민들의 지구과학에 대한 이해가 떨어지면서 곳곳에서 지구과학 문제로 분쟁이 끊이지 않았다. 그리하여 과학공화국의 박과학 대통령은 장관들과 이 문제를 논의하기 위해 회의를 열었다.

"최근의 지구과학 분쟁을 어떻게 처리하면 좋겠소?"

대통령이 힘없이 말을 꺼냈다.

"헌법에 지구과학 부분을 좀 추가하면 어떨까요?"

법무부 장관이 자신 있게 말했다.

"좀 약하지 않을까?"

대통령이 못마땅한 듯이 대답했다.

"그럼 지구과학에 의해 판결을 내리는 새로운 법정을 만들면 어떨까요?"

지구부 장관이 말했다.

"바로 그거야. 과학공화국답게 그런 법정이 있어야지. 그래, 지구법정을 만들면 되는 거야. 그리고 그 법정에서의 판례들을 신문에 게재하면 사람들이 더 이상 다투지 않고 자신의 잘못을 인정할수 있을 거야."

대통령은 입을 환하게 벌리고 흡족해했다.

"그럼 국회에서 새로운 지구과학법을 만들어야 하지 않습니까?"

법무부 장관이 약간 불만족스러운 듯한 표정으로 말했다.

"지구과학은 우리가 사는 지구와 태양계의 주변 행성에서 일어나는 자연 현상입니다. 따라서 누가 관찰하건 간에 같은 현상에 대해서는 같은 해석이 나오는 것이 지구과학입니다. 그러므로 지구과학 법정에서는 새로운 법을 만들 필요가 없습니다. 혹시 다른 은하에 대한 재판이라면 모를까……."

지구부 장관이 법무부 장관의 말을 반박했다.

"그래, 맞아."

대통령은 지구법정을 벌써 확정짓는 것 같았다. 이렇게 해서 과학공화국에는 지구과학에 의해 판결하는 지구법정이 만들어지게 되었다. 초대 지구법정의 판사는 지구과학에 대한 책을 많이 쓴 지구짱 박사가 맡게 되었다. 그리고 두 명의 변호사를 선발했는데 한 사람은 지구과학과를 졸업했지만 지구과학에 대해 그리 깊게 알지 못하는 지치라는 이름을 가진 40대였고 다른 한 변호사는 어릴 때부터 지구과학 경시대회에서 항상 대상을 받았던 지구과학 천재인 어쓰였다.

이렇게 해서 과학공화국의 사람들 사이에서 벌어지는 지구과학과 관련된 많은 사건들이 지구법정의 판결을 통해 깨끗하게 마무리될 수 있었다.

태양, 달, 지구에 관한 사건

태양의 안 뜨거운 땅?

태양의 흑점에 숨겨진 비밀은 무엇일까요?

"야, 연구만! 너 뭐해?"

"어어어? 금방 낮잠 자고 있었는데, 전화벨 소리 듣고 일어난 거야."

"에잇~ 거짓말, 지금 누굴 속이려고 드는 거야? 관측에 환장하신 우리 연구만 씨가 한가하게 낮잠을 잘 리가 있나? 너 또 관측하고 있었지?"

"오, 우리 기녀 길바닥에 자리 잡고 앉아도 되겠는데? 오늘 따라 관측이 잘 되더라고."

"그건 그렇고 너 오늘이 무슨 날인지 알고 있기나 한 거야?"

"오늘······?"

오늘이 무슨 날인지 알고 있냐고 묻자 당황해진 연구만 씨는 뜸을 들이기 시작했다.

"오늘이 네 생일은 아니고, 내 생일도 아니고······."

"쳇, 그럼 그렇지. 모를 줄 알았어."

"아니야, 모르긴 왜 몰라. 오늘 그날이잖아."

"그날이 무슨 날인데?"

"음, 그러니까 우리가 만난 지 300일 되는 날은 아니고, 음······."

"됐다, 됐어. 혹시나 했는데 역시나였어. 너한테 많은 걸 바란 내가 바보지. 끊어!"

화가 난 연구만 씨의 여자 친구 엽기녀 양은 전화를 끊어 버렸고, 당황한 연구만 씨는 엽기녀 양의 집 앞으로 꽃을 들고 찾아갔다.

"왜 왔어?"

엽기녀 양은 퉁명스럽게 연구만 씨를 대했다.

"이거."

"이딴 꽃 준다고 내가 좋아할 줄 알아? 너 정말 해도 해도 너무한다고 생각 안 하니?"

"그게······."

"그래, 또 관측한다고 정신이 없었겠지. 넌 나보다 관측이 중요하니까."

"그런 게 아니라……."

"그리고 내가 선물 주려면 꽃 말고 옷이나 핀 같은 실질적인 걸로 주라 했어, 안 했어?"

"아, 깜빡했네. 하하! 대신 내가 오늘 우리 기녀가 해 달라는 거 다 들어줄 테니까 화 풀어. 응?"

"정말? 진짜야?"

"당연하지. 네가 원한다면 땅 짚고 헤엄이라도 칠게."

"그래 봤자 오늘 하루 몇 시간 안 남았잖아."

"어쨌든, 남은 시간 동안 너의 노예가 되어 줄게."

남은 시간 동안 해 달라는 대로 다 해 주겠다는 연구만 씨의 얘기에 엽기녀 양은 화가 풀어지기 시작했다.

"우리 도날드덕 아이스크림 사 먹으러 가자."

"그래."

연구만 씨와 엽기녀 양은 300달란짜리 콘 아이스크림을 사 먹으러 도날드덕 가게로 들어갔고, 하나씩 사서 맛있게 먹고 있었다.

"나 거의 다 먹었어. 이거 200달란 주고 리필해 와."

"뭐? 200달란 주고 리필을 해 오라고?"

"왜? 꼽냐? 그래서 안 하겠다고?"

연구만 씨는 떨떠름하긴 했지만 오늘 하루만큼은 그녀의 노예가 되어 주겠다고 약속한 터라 콘을 가지고 카운터로 향했다.

"저기요, 죄송한데요. 여기 200달란 줄 테니까 리필 좀 해 주시면 안 돼요?"

"안 돼요."

알바생은 무표정으로 딱 잘라서 말했고, 민망해진 연구만 씨는 그대로 엽기녀 양에게로 갔다.

"리필 안 된다는데?"

"뭐? 리필이 안 된다고? 그럼 500달란으로 아이스크림 두 칸 올려서 와."

"500달란으로 두 칸을?"

"아이스크림 두 개에 600달란이지? 근데, 콘 하나에 아이스크림 두 칸을 올리는 거니까 콘 하나 값인 100달란을 빼면 500달란이잖아. 그러니깐 500달란에 두 칸 올려 달라 그래."

"뭐? 그런 억지가 어디 있어? 콘 값이 얼만지도 모르면서 왜 네 맘대로 정하고 그래?"

"그래서 안 하겠다고?"

엽기녀 양의 억지에 못이긴 연구만 씨는 또다시 카운터로 향했다.

"저기요, 500달란에 아이스크림 두 칸 올려 주시면 안 돼요?"

"안 돼요."

알바생은 여전히 무표정으로 딱딱하게 거절했고, 또다시 민망해진 연구만 씨는 엽기녀 양이 안 보는 사이에 얼른 600달란을 내고 아이스크림 두 칸을 올려서 그녀에게로 가져갔다.

"와, 신난다."

"근데, 기녀야! 있잖아, 오늘 무슨 날이야?"

"정말 모르겠어?"

"응."

"오늘 처음으로 너와 내가 눈을 마주친 날이잖아."

'겨우 그거였단 말인가? 완전 낚였잖아, 이거. 넌 역시 엽기적이야.'

그렇게 그녀와 헤어지고 집으로 들어간 연구만 씨는 또다시 연구와 관측에 매달리기 시작했다. 그러던 어느 날 연구만 씨는 태양의 흑점을 발견하게 됐고, 이 흑점은 사람이 가더라도 뜨겁지 않기 때문에 그곳에 착륙하면 태양을 직접 관찰할 수 있다는 논문을 쓰게 되었다. 그러나 천문학회에서는 연구만 씨의 주장이 터무니없다면서 그의 주장을 인정해 주지 않았다.

"구만아, 너 왜 힘이 없어 보여?"

"난 정말 관측도 열심히 하고 연구도 열심히 했는데, 사람들이 내 주장을 인정해 주지 않으려 하잖아. 너무 속상해. 그럴 줄 알았으면 너한테 좀 더 신경 써 주는 건데 미안해."

연구만 씨는 그동안 자신의 관측과 연구가 모두 부질없었던 것이라고 실망을 하며 의욕을 잃어 가고 있었다. 이를 본 엽기녀 양은 그에게 뭔가 도움을 줘야겠다는 생각이 들었고, 직접 천문학회 학회장에게 이의를 제기하러 갔다.

"우리 연구만의 주장이 뭐가 어때서 인정해 주지 않는 거예요,

네네네?"

엽기녀 양이 막무가내로 나오자 천문학회 학회장은 당황했고 아무 말도 하지 않았다.

"거봐, 이렇게 강하게 나오면 아무 말도 못할 거면서, 당장 우리 구만이한테 사과해요."

"아가씨가 이런다고 해서 인정되는 게 아니니까 그냥 돌아가도록 하시오."

"그래서 사과를 못하시겠다? 그래, 누가 이기나 한번 해 보자고요. 나도 다 방법이 있거든요. 지구법정에 당신들을 고소해서 우리 구만이의 말이 옳다는 걸 보여 주고 말 거예요."

흑점은 태양의 고위도에서 생성되어 적도 부근으로 서서히 내려오면서
흑점의 개수가 최대에 이르게 되는데 이를 쉬퀴러의 법칙이라고 합니다.

과학공화국
지구법정 8

태양의 흑점은 안 뜨거울까요?
지구법정에서 알아봅시다.

 재판을 시작하겠습니다. 태양의 흑점은
어떤 점인지 알아보도록 하겠습니다. 원
고 측 변론을 먼저 들어 보겠습니다.

 태양의 흑점은 태양에서 검은 점으로 보이는 부분입니다. 붉
고 누렇게 불길이 오르는 태양에서 검은 점이 있다는 것은 그
부분이 불타는 것과는 대조적인 곳이라고 결론을 내릴 수 있
습니다. 태양의 흑점은 뜨겁게 불타지 않는 땅이며 그곳에 가
면 태양을 직접 관찰할 수 있습니다.

 태양에 사람이 착륙할 수 있는 땅이 있다는 건가요? 그런데
천문학회에서는 왜 원고의 논문을 받아들여 주지 않는 건가
요? 그 이유를 들어 보도록 하겠습니다. 피고 측 변론해 주십
시오.

 태양의 흑점은 땅이 아닙니다.

 그럼 무엇인가요?

 태양의 흑점에 대한 자세한 정보를 얻기 위해 천문학회 회장
님을 증인으로 요청합니다.

 증인 요청을 받아들이겠습니다.

태양 그림 옷을 입은 50대 중반의 남성이 뜨거운 화로를 들고 조심스럽게 증인석에 들어섰다.

 태양에는 검은 점이 보인다고 하는데 어떤 점인가요?

 태양의 어두운 점무늬는 흑점이라고 하며 태양의 표면이라고 일컫는 광구에서 일어나는 현상입니다. 흑점에서 가장 어두운 부분은 본영이라 하고, 그 둘레에 본영보다 밝은 방사선성의 줄기 구조로 이룬 부분을 반영이라고 합니다.

 흑점은 태양의 땅 부분이고 그 위에서 사람들이 태양을 관측할 수 있다는 원고의 논문을 인정하지 않은 이유는 무엇입니까?

 흑점은 태양의 땅이 아닙니다. 흑점에 도착하기도 전에 뜨거운 온도에 견디지 못할 것이며 도착한다 하더라도 흑점의 온도가 너무 높아 발을 디딘다는 것은 생각할 수도 없습니다.

 흑점이 땅이 아니라면 무엇인가요?

 흑점은 주변의 광구 면보다 상대적으로 온도가 낮아서 어둡게 보이는 현상을 말합니다. 비록 어둡게 보이지만 실제 온도는 4,000~4,500K로 매우 높습니다. 다만 주변의 광구 온도가 약 5,700K로 더 높아 흑점이 어둡게 보이는 것입니다. 흑점의 크기는 망원경으로 겨우 보이는 지름 1,500km의 작은 것부터 십만여km에 이르는 다양한 것이 있으며 수명은 작은 것은 1일 이내, 큰 것은 변화하면서 수개월에 이릅니다.

 흑점이 생기는 원인은 무엇입니까?

 태양 표면인 광구의 특정 지점에서 강력한 자기장이 형성되면 에너지가 전달되는 대류 과정이 잘 일어나지 못하게 됩니다. 이로 인해 자기장 주변은 온도가 떨어지게 되어 상대적으로 어둡게 보여서 흑점이 되는 것입니다. 자기력의 세기는 100~4만 가우스이고, 북의 자기극인 N극에서 남의 자기극인 S극으로 자력선이 발달하게 됩니다.

 흑점은 어디에서 생성되며 흑점이 변화하기도 하나요?

 흑점이 나타나는 구역은 태양의 자전과 관련이 있으며 태양의 적도로부터 남북 45도의 위도 범위에 한정됩니다. 흑점은 운동을 하는데 약 11.2년을 주기로 해 흑점의 개수가 증가했다가 감소하는 경향을 띱니다. 흑점은 태양의 고위도에서 생성되어 적도 부근으로 서서히 내려오면서 흑점의 개수가 최대에 이르게 되는데 이를 쉬뢰러의 법칙이라고 하지요.

 흑점의 존재가 미치는 영향은 무엇인가요?

 흑점의 존재는 태양 자체가 불안정하고 활동적인 것을 나타내는데, 지구에 미치는 영향도 크고, 이 흑점의 주기를 태양 활동의 주기라고도 합니다. 수가 극소인 시기를 태양 활동의 극소기, 극대인 시기를 태양 활동의 극대기라 하는데, 극소기에는 2주일 정도 흑점이 전혀 없을 때도 있습니다. 이 주기성과 동조하여 홍염의 수와 활동도, 코로나의 밝기와 형상, 플

레어의 발생 빈도, 태양풍의 세기와 지구에 대한 영향 등도 바뀝니다. 또한 1800년대에 태양 관측을 위한 위성 관측 결과를 통해 태양의 밝기 변화를 측정한 결과 0.1% 정도의 밝기 변화를 관측할 수 있었는데, 이는 흑점이 주변보다 온도가 낮아서 생기는 현상이므로, 흑점이 많을수록 태양의 밝기가 줄어들어서 밝기 변화를 일으킨다는 것을 확인했습니다.

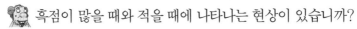 흑점이 많을 때와 적을 때에 나타나는 현상이 있습니까?

흑점이 많을 때는 태양으로부터의 자외선·X선·미립자선의 복사가 활발하며 자기폭풍·오로라·델린저 현상 등이 일어나기 쉽습니다.

태양의 흑점이 가진 특징이 아주 많군요. 흑점이 어둡게 보이는 것은 그 부분이 땅이라서가 아니라 주변의 온도보다 낮기 때문이라는 것을 알 수 있었습니다. 주변의 온도 5,700K에 비해 4,000~4,500K로 낮다고 해서 뜨겁지 않다는 것이 아니라 4,000~4,500K란 온도는 0℃가 273K이므로 어마어마하게 뜨겁다는 것을 짐작할 수 있습니다. 이렇게 뜨거운 흑점은 기체로 이루어진 태양 광구의 한 부분이므로 절대 땅이 아닙니다. 원고가 흑점이 땅이며 흑점에 서서 태양을 관측할 수 있다고 주장한 것은 전혀 불가능한 일입니다.

태양의 흑점은 기체로 이루어진 태양 광구의 한 부분이며 굉장한 온도를 가진 부분이므로 흑점이 땅이라고 말하는 원고

측의 주장을 인정할 수 없습니다. 따라서 흑점에 대한 원고 측의 주장을 기각합니다. 원고는 피고 측에 가서 태양 흑점에 대한 정보를 얻도록 하십시오. 이상으로 재판을 마치겠습니다.

재판이 끝난 후, 비록 논문이 학회에서 인정되지는 않았지만 항상 이기적이라고 생각했던 엽기녀가 자신을 진심으로 사랑하고 있다는 것을 알게 된 연구만은 엽기녀에게 감동을 했다. 그 후부터 연구만은 엽기녀에게 더욱더 잘해 주었고, 엽기녀 역시 말도 안 되는 투정은 부리지 않았다.

 흑점

최초로 태양의 흑점을 관찰한 과학자는 지동설로 유명한 갈릴레이이다. 그는 망원경으로 태양을 들여다보다가 밝게 빛나는 태양에 검은 점들이 있다는 것을 발견했다. 하지만 갈릴레이는 이 관찰 때문에 시력을 잃게 되었다.

달에서 왜 깃발이 펄럭이지?

대기가 없는 달에도 과연 바람이 불까요?

"여러분, 조용!"

수업 종이 쳤지만 여전히 교실은 시끌벅적했고,

선생님이 아이들을 조용히 시켰다.

"오늘은 새로운 선생님을 소개할까 합니다. 오늘부터 한 달 동
안 여러분의 임시 부담임을 맡게 될 교생 선생님이에요. 예쁜 여
선생님이니까 선생님 말씀 잘 들어야 해요."

시끌벅적하던 아이들은 낯선 교생 선생님을 보고는 호기심 어
린 눈빛으로 집중을 했고, 옆에서 정장을 잘 차려 입고 다소곳하
게 서 있던 교생 김이나 양은 떨리는 마음을 꾹 눌러 담고는 아이

들을 향해 입을 뗐다.

"여러분, 안녕하세요? 한 달 동안 여러분의 임시 부담임을 맡게 된 김이나라고 해요. 제가 맡은 과목은 과학인데, 앞으로 여러분과 재미있는 수업을 했으면 좋겠어요."

"네~!"

학생들은 새로 온 교생 선생님에 대한 설렘에 가득 차 큰소리로 즐겁게 대답했다.

그러던 어느 날 김이나 양은 처음으로 수업을 하게 되었고, 예상 외로 첫 수업을 성공적으로 마쳤다고 생각한 김이나 양은 뿌듯한 마음으로 정리 인사를 했다.

"자, 수업 마치겠어요. 반장, 인사!"

"차렷, 열중 쉬엇, 차렷!"

"안녕~!"

김이나 양은 장난으로 수업을 마무리하며 교실을 나왔다.

'띠리띠리~ 띠리띠리~!'

청소 시간이 되었지만, 대부분의 아이들은 청소는커녕 이리저리 돌아다니며 장난치고 노느라 정신없었다.

"얘들아, 청소 시간이니까 청소해야지?"

그러나 아이들은 김이나 양의 말을 들은 척도 하지 않고 자기들이 하던 일을 계속했다.

"얘들아, 자기가 맡은 청소 구역 확인하고 청소해야지."

하지만 아이들은 여전히 교생 선생님의 말을 무시했다.

"아, 진짜 교생 판치네."

개념 없는 아이들은 교생 선생님을 만만하게 봤고, 김이나 양은 이런 아이들의 태도에 상처를 받기도 했다. 처음으로 해 보는 교생 실습이 재미있고 즐겁기도 했지만, 짓궂고 말을 듣지 않는 학생들도 많아서 힘들기도 했다. 그러나 활발하고 재미있는 김이나 양을 학생들은 좋아했고, 김이나 양도 즐거운 마음으로 실습에 임하기로 했다. 시간이 차츰 흐르면서 학생들과 김이나 양은 점점 친해지기 시작했다.

김이나 양은 일주일에 한 번 있는 교문 지도를 하려고 일찍부터 나와서 서 있었다. 그런 김이나 양에게 아이들이 다가와서 옆구리를 찌르고 도망가기도 하고 수줍게 웃으면서 지나가기도 했는데, 김이나 양은 그런 아이들이 마냥 귀엽게만 느껴졌다. 그런데 말썽꾸러기 한 아이가 김이나 양에게 살짝 다가왔다.

"교생 쌤, 저 여자 친구한테 잘 보여야 하는데 머리 잘리면 안 되거든요. 이번 주에 백일이라 그러는데 딱 한 번만 봐 주시면 안 돼요?"

"이 녀석, 대신 수업 열심히 들어야 한다. 선생님 쪽으로 살짝 와서 들어가."

김이나 양은 그 정도로 학생들과 친해져 있었고, 이런 학생들이 사랑스럽게 느껴졌다. 그러던 중 중간고사 기간이 다가왔고, 김이나 양은 학생들에게 응원의 문자를 보내 주기로 했다.

– 얘들아, 중간고사 기간이라 힘들지? 그래도 열심히 한 만큼 좋은 결과가 돌아올 거라 생각하고 다들 포기하지 말고 열심히 하길 바래. 홧팅~! –

– 우리 교생 쌤은 얼굴만큼 마음도 너무 예쁜 거 같아요. 쌤 고마워요! 홧팅! –

– 오홋! 교생 쌤이 최고예요, 짱! –

– 화이링! 교생 쌤이 응원해 주니까 힘이 나는 거 같아요. –

김이나 양의 응원 메시지에 아이들이 '고맙다'는 등등의 문자를 보내오기 시작했다.

– 즐 –

잠시 후 즐이라고 적힌 한 통의 문자 메시지가 왔고, 김이나 양은 충격에 휩싸인 채 누가 이런 문자를 보냈는지 추측하기 시작했다.

"누구지? 그놈인가? 아니야, 아니야. 아, 맞다! 그 아이? 안 되겠다. 한 명씩 명단을 적은 후 한 명씩 추려 나가는 거야."

그렇게 한참을 생각한 후 겨우 한 명의 용의자를 포착한 김이나 양은 그 아이에게 웃으면서 전화를 했다.

"여보세요?"

"너지?"

"네, 뭐가요?"

"난 그거 다 알아. 그냥 불어."

"무슨 말씀하시는 거예요?"

"너 계속 그러면 경찰에 확 신고해 버린다."

"아, 쌤! 잘못했어요."

그렇게 범인을 잡아낸 김이나 양은 뿌듯한 마음이 들었고, 다음 날 그 학생은 김이나 양에게 초콜릿을 사서 바쳤다. 그날도 김이나 양은 수업을 하러 교실에 들어갔다.

"여러분, 오늘이 무슨 날인지 다들 알고 있어요?"

"개구리 시집 간 날?"

"울 누나 화장실 변기 막은 날?"

아이들은 선생님의 질문에 장난기 넘치는 대답들을 쏟아냈다.

"아니에요, 오늘은 사람이 달에 착륙하는 역사적인 날이에요. 이 장면이 전 세계에 동시 방영된다고 하는데 우리도 이런 역사적인 장면을 놓칠 수 없겠죠? 다들 이 순간을 경이로운 마음으로 지켜보도록 합시다."

김이나 양은 텔레비전을 틀었고, 잠시 후 깜깜한 우주와 달의 모습이 나왔다. 그리고 한 사람이 달에 착륙하는 모습이 나왔는데, 그 사람이 손에 쥐고 있던 국기가 펄럭거렸다. 김이나 양은 바람도 불지 않는 달에서 국기가 펄럭거리자 이상하다 싶었고 급기야 '저건 사진 조작이다'라는 생각이 들었다. 이에 심한 불만을 느낀 김이나 양은 지구법정에 '저 장면은 조작된 사기'라며 고소를 하게 된다.

달은 약한 중력을 가지고 있지만 대기가 없습니다. 달에는 바람이 불지 않으므로 우주인들의 발자국이 오랫동안 지워지지 않는 것입니다.

달에서는 국기가 펄럭거릴 수 없는 걸까요?

여기는 지구법정

지구법정에서 알아봅시다.

달에서 국기가 펄럭거리는 것을 이상하게 생각한 김이나 양은 사람이 달에 도착한 사진은 조작된 것이라고 생각했군요. 정말 달에서는 국기가 펄럭거릴 수 없는 걸까요?

 재판을 시작하겠습니다. 달에 대한 설명과 더불어 국기가 펄럭거린 원인 분석을 하겠습니다. 달에서 국기가 펄럭거릴 수 있습니까? 원고 측 변론하십시오.

 일단 국기가 펄럭거린다는 것은 바람이 불어야 가능합니다. 따라서 국기가 펄럭거린다는 것보다 바람이 부느냐를 묻는 것이 더 옳을 것입니다.

 그렇다면 달에 바람이 붑니까?

 바람이 불 수 없습니다. 바람이 불지 않으므로 우주인들의 발자국이 지워지지 않고 오랜 세월이 지나도 그대로 존재하고 있을 것입니다.

 달에 바람이 불 수 없다면 국기가 펄럭거릴 수 없다는 건가요?

 이론대로 하자면 그렇습니다.

 그러면 사진이 정말 조작이란 말씀인가요? 국기가 펄럭거릴 수 없는 달에서 펄럭거리는 국기가 찍힌 것에 대해 피고 측은 변론해 주십시오.

 달에도 바람이 불 수 있습니다.

 원고 측과 전혀 다른 이론이군요. 달에 바람이 불 수 있다고요?

 달은 지구보다는 작지만 중력을 가지고 있습니다. 그래서 공기가 중력에 의해 달의 대기에 존재합니다. 따라서 공기가 있을 수 있으며 공기의 흐름으로 바람이 생성되므로 달의 대기에도 바람이 분다는 거죠.

 달은 중력을 가지고 있지만 대기는 없습니다. 대기가 있었더라도 작은 중력을 이기고 공기가 우주로 날아가 버릴 것입니다.

 그러면 국기가 흔들린 것은 사진 조작이라는 의혹에 대해선 어떻게 볼 수 있습니까?

 사진 조작은 아닙니다.

 거참 이해가 가지 않군요. 달에 공기가 없어서 바람이 불 수 없다고 주장하는 원고 측이 달에서 펄럭거리는 국기를 찍은 사진은 조작이 아니라고 하다니…… 이해할 수 있도록 적절한 설명을 해 주십시오.

 바람은 공기의 흐름에 의해 생기는데 달에는 공기가 존재하지 않기 때문에 바람이 불 수 없습니다. 따라서 이론상으로 국기가 흔들리는 것은 이상한 일이지요. 하지만 그 배경을 보면 사진의 국기가 흔들리는 것을 이해할 수 있습니다. 최초로 달에 착륙을 계획한 나라는 미국이며 암스트롱은 달에 착륙한 최초의 사람입니다. 이러한 역사적인 사건의 주인공인 미국은 달에 자신의 나라 성조기를 꽂았습니다. 아폴로 우주인들이 달에 꽂은 성조기는 우리가 흔히 보는 깃발과 조금 다릅니다. 깃대를 자세히 보면 깃대의 모양이 ㄱ자인데 사실 달에는 바람이 불지 않고 중력은 있기 때문에 막대기 모양의 깃대에 성조기를 걸면 축 늘어지게 됩니다. 그래서 ㄱ자로 된 깃대에 성조기를 걸어 늘어지지 않게 한 것이라고 볼 수 있습니다.

 그러면 편평하게 펴져 있는 것이 아니라 흩날리듯이 펄럭거리는 이유는 무엇인가요?

 달에는 대기가 없으므로 바람이 존재할 수 없습니다. 달에서 성조기가 흔들린 것은 바람에 의해서가 아니며 다른 요인에 의해 흔들렸을 확률이 큽니다. 가장 타당한 원인으로는 성조기를 설치하면 분명히 우주인의 손에서 운동 에너지가 깃발에 전달되고 딱딱한 금속판으로 된 깃발이 아니라 헝겊으로 된 깃발이기 때문에 일시적으로 에너지를 받아서 움직인다고 설명드릴 수 있습니다.

 달에 바람이 없기 때문에 국기가 흔들리는 것은 사진 조작이라는 원고의 주장에서 달에 바람이 없다는 사실과 바람에 의

해서 국기가 흔들릴 수 없다는 것은 옳은 설명이군요. 국기가 흔들린 원인은 꼭 바람이 아닐 수 있으므로 그 점에 대해서는 단정 지을 수 없습니다. 따라서 국기가 흔들린다는 것이 바람에 의해서라면 사실이 아니지만 사람의 손에서 전달된 운동 에너지라면 깃발은 충분히 흔들릴 수 있습니다. 이상으로 재판을 마치도록 하겠습니다.

비록 달에서 국기가 절대 흔들릴 수 없는 것은 아니지만 달에는 바람이 불지 않아 국기가 흔들린 것이 이상하다고 지적한 김이나 선생님을 보고 반 학생들은 존경스러워했다. 그 후 학생들은 김이나 선생님이 하는 과학 수업을 재미있게 들었고, 과학 과목 평균 성적이 가장 높게 나왔다.

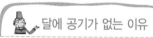 달에 공기가 없는 이유

공기는 기체들로 이루어져 있다. 지구의 공기는 주로 질소와 산소라는 기체로 되어 있는데 기체들도 질량을 가지고 있으므로 지구가 잡아당기는 만유인력을 받는다. 그 힘 때문에 기체 분자들이 지구로부터 도망가지 못하고 지구를 에워싼 대기를 이루는 것이다. 하지만 달은 중력이 작아서 기체 분자들이 못 도망가게 잡을 수가 없기 때문에 달에는 공기가 없다.

지구가 돌면 어떻게 우리가 살아요?

돌고 있는 지구에 사는 우리는 왜 어지럽지 않을까요?

'딩동~ 딩동~!'

"하니야, 아빠 오셨나 보다. 인사하러 가야지."

"와, 아빠다."

하니와 하니의 엄마는 퇴근을 하고 돌아오는 뭐하지 씨를 맞이하러 현관문 앞으로 나갔다.

"아빠, 잘 다녀오셨어요?"

"웬일이야? 오늘은 일찍 왔네."

"어, 밥."

반갑게 맞이하는 그의 아내와 딸과는 달리 하지 씨는 무뚝뚝하게 대답했다.

"어휴, 두 마디 이상 하면 입에 경련이라도 온담? 씻고 와요. 밥 차려 놓을 테니."

하지 씨는 그의 아내가 밥을 차리는 동안 대충 씻고 텔레비전 앞에 앉았다.

'따르릉~ 따르릉~ 따르릉~ 따르릉!'

전화벨이 여러 번 울렸지만, 평소에 곰 같은 성격의 하지 씨는 전화 받을 생각은 아예 없는 듯 그냥 묵묵히 텔레비전만 보고 앉아 있다.

"하니 아빠, 전화 안 받아?"

그제야 하지 씨는 방에 있는 하니를 부르기 시작했다.

"뭐하니~ 일로 나와 봐."

"왜, 나 동화책 본단 말이야. 하니, 지금 바빠."

"잠깐이면 되니까 얼른 나와 봐."

하니는 아빠가 나와 보라고 재촉하자 결국엔 거실로 나왔다.

"왜 동화책 보는 하니를 귀찮게 해요?"

"전화 끊긴다, 얼른!"

아빠가 왜 자신을 부르는지 눈치 챈 하니는 늘 그렇듯이 전화기 앞으로 뛰어가 전화를 받았다.

"여보세요?"

"거기 뭐하지 씨 집인가요? 뭐하지 씨 좀 바꿔 줄래요?"

"네!"

하니는 허탈한 마음으로 아빠에게 수화기를 건네주었다.

"다들 밥 먹으러 와요."

잠시 후 밥이 다 됐고, 하니와 통화를 막 끝낸 하지 씨가 식탁에 앉았다.

"전화가 오면 당신이 좀 받아, 애 부르지 말고."

"그러게, 아빠 전화는 아빠가 받으세요."

"어."

무뚝뚝한 하지 씨는 절대로 말을 길게 하는 법이 없었고, 밥을 먹는 동안 하니와 엄마만이 재잘거릴 뿐 그는 침묵을 지켰다. 다음 날 하니의 친구들이 하니의 집에 놀러 왔다.

"하니야, 너네 아빠 방에 신기한 거 되게 많다. 너희 아빠 과학자야?"

"대충, 그거랑 비슷한 거야."

"이건 너희 가족사진이야? 근데, 아빠 사진이 약간 부자연스러운 거 같아."

"아, 이거! 가족사진 찍을 때 일한다고 엄청 늦게 와서 엄마랑 나만 먼저 찍고 아빠는 나중에 합성한 거야."

"아, 그렇구나! 근데, 너희 아빠 정말 다정하게 생겼다."

"다정하긴! 만날 나랑 놀아 주지도 않고 일만 하시는걸."

"그건 그렇고 하니야, 넌 이번 어린이날에 뭐해?"

"글쎄, 난 특별히 잘 모르겠는데."

"난 엄마랑 아빠랑 동생이랑 놀이공원에 놀러 가기로 했어."

"정말?"

"넌 안 가? 우리 반 애들 거의 다 이번에 새로 생긴 놀아봐 놀이 공원에 간다고 그러던데."

한 번도 가족과 함께 놀이공원에 가 본 적이 없던 하니는 자신도 놀이공원에 가고 싶다는 생각이 들었다. 친구들이 돌아가자 하니도 이번 어린이날엔 가족 모두 다 함께 놀러 가자고 부모님께 말하기로 결심했다.

'따르릉~ 따르릉~!'

"여보세요?"

"아빠다. 엄마한테 늦는다고 전해 줘."

"아빠, 올 때 아이스크림이랑 과자랑……."

'뚜뚜뚜뚜~!'

하지 씨는 전화를 할 때도 자신이 할 만만 하고는 끊어 버리는 성격이었다.

"아빠 또 늦으신다 그러지? 참, 아빠한테 오실 때 아이스크림이랑 과자랑 사오시라 그랬니?"

"아니, 아빠는 만날 자기 할 말만 하고 뚝 끊어 버려. 엄마, 이번 어린이날에 우리 가족 뭐해?"

"글쎄, 네 아빠 또 일하러 가실 거 같은데?"

"또? 이번에 놀이공원 가면 안 돼? 다른 애들 다 간단 말이야. 난 놀이공원 같은 데도 못 가 보고, 나도 가고 싶단 말이야. 앙앙앙~!"

평소에 쌓인 게 많았던 하니는 서러운 마음에 그만 울음을 터뜨렸고, 엄마는 하니에게 미안한 마음이 들었다.

"여보, 이번 어린이날에 시간 돼?"

"글쎄, 왜?"

"아까 하니가 울더라고, 자기도 놀이공원 가는 게 소원이라고. 우리 가족끼리 놀러 간 적 한 번도 없잖아. 이번엔 당신이 양보해."

며칠간 닦달한 끝에 하지 씨의 허락을 받을 수 있었고, 어린이날에 하지 씨의 가족 모두 놀아봐 놀이공원에 놀러 가게 되었다.

"우리 저거 타자."

"난 됐어."

"당신, 여기까지 와서 이러기야?"

"타."

놀이 기구를 타지 않겠다는 하지 씨를 억지로 이끌고 가족 모두 놀이 기구를 타게 됐다. 유난히 어지럼을 잘 타는 하지 씨는 회전 놀이 기구를 타고 나서 너무 어지러웠고, 화장실에 가서 구토를 하게 되었다.

"가만, 지구가 저렇게 돈다면 나같이 어지럼을 잘 타는 사람이 어떻게 지구에 살지?"

놀이공원에서 영감을 얻은 하지 씨는 이것을 근거로 지구가 돌지 않는다는 논문을 학회에 발표하게 되었다. 하지만 학회의 반응은 냉담했다.

"뭐하지 씨? 당신의 논문을 인정할 수가 없군요."

"인정할 수 없다니요?"

"지구가 돌지 않는다는 게 말이나 되냐고요?"

"왜 말이 안 돼요? 잘 생각해 보세요. 놀이공원에서 작은 기구를 타도 이렇게 어지러운데, 크디큰 지구가 돈다면 어지럼을 잘 타는 사람은 지구에 살 수 없을 거라고요."

"어쨌든 인정할 수 없으니, 다시 한 번 연구해 보도록 하세요."

"뭐요? 나 또한 학회의 의견을 인정할 수 없군요. 누가 이기는지 지구법정에 가서 따져 봅시다."

지구는 매우 일정하게 자전하고 있고 우리 또한 지구와 함께 움직이고 있기 때문에 속도의 변화를 느낄 수 없고 어지럼증을 느끼지 못하는 것입니다.

돌고 있는 지구에 사는 우리는 왜 어지럽지 않을까요?
지구법정에서 알아봅시다.

지구가 돈다면 빙글빙글 돌고 있는 지구에 사는 사람들 중에서 어지러움을 느끼지 않는 사람은 없다고 생각한 하지 씨는 자신의 주장을 인정받기 위해 지구법정에 의뢰를 했습니다.

 재판을 시작하겠습니다. 지구가 돌고 있다는 것을 인정할 수 없다는 주장이 나왔습니다. 지구가 돌지 않는다고 판단한 원고 측의 변론을 들어 보도록 하겠습니다.

 원고는 놀이공원에서 신기한 경험을 했습니다. 놀이공원에 있는 회전 놀이 기구를 탄 원고는 어지러움을 느꼈습니다. 우리는 지구가 돌고 있다고 알고 있지만 지구가 빙글빙글 돌고 있다면 놀이 기구를 탔을 때처럼 어지러움을 느껴야 하지 않을까요? 지구가 돌고 있다는 이론을 반박하는 바입니다.

 지구가 돌고 있는 증거는 많이 있는 것으로 압니다. 그런데 어지러움을 느끼지 않는다고 지구가 돌지 않는다는 것은 억지일 수 있겠는데요.

 그렇다면 놀이 기구를 타면 어지러운데 돌고 있는 지구 위에

서는 왜 어지럽지 않은 것일까요? 원고의 주장이 틀릴 이유
가 없습니다.

 원고 측의 주장에 대한 문제점을 해결해 드리겠습니다.

피고 측이 원고 측이 제시한 문제에 대한 답을 말한다고 합니
다. 피고 측의 변론을 들어 보도록 하겠습니다.

지구운동학회의 위원들은 모두 원고의 주장을 받아들일
수 없습니다. 원고의 주장에는 억지스러움이 많이 있으며
타당한 증거가 될 수 없습니다. 지구는 분명 돌고 있으며
어지러움을 느끼지 않는 이유에 대한 증언을 해 주실 분
을 모셨습니다. 지구운동학회의 왕빨라 학회장님을 증인
으로 요청합니다.

증인 요청을 받아들이겠습니다.

판사의 말이 끝나자 발밑에 바퀴라도 달린 듯 너무나 재
빠르게 무엇인가가 지나갔다. 순식간에 지나간 사람은 증
인이었고 50대 후반의 왕빨라 씨는 이미 증인석에 앉아
있었다.

지구가 돌지 않는다는 원고의 주장을 인정할 수 있습니까?

원고의 주장은 인정할 수 없습니다. 지구는 분명 돌고 있습
니다.

지구는 어떤 회전 운동을 합니까?

 지구는 자전과 공전을 합니다. 지구 스스로 도는 것을 자전이라고 하며 한 바퀴 도는 것을 하루라고 합니다. 그리고 지구는 태양을 중심으로 돌기도 하는데 그것을 공전이라고 합니다.

 지구 자전에 대한 증거가 있습니까?

 지구 자전의 증거로는 첫째, 극궤도 위성은 같은 자리를 도는데 인공위성이 지구를 한 바퀴 도는 동안 지구가 자전을 해서 인공위성의 궤도가 서쪽으로 간 것처럼 보이는 현상이 있는데 이것을 인공위성 궤도의 서편 현상이라고 합니다.

둘째 증거는 푸코진자의 진동면이 회전하는 것입니다. 푸코 진자의 회전 주기는 $T=t/\sin\varnothing$인데 여기서 t는 자전 시간을 말합니다. 즉 지구에서 측정할 때는 $T=24/\sin\varnothing$이 되는데 회전 방향은 북반구에서는 시계 방향이고 남반구에서는 반시계 방향입니다. 우주 공간에서 보면 진동면은 일정한 자리에서만 흔들리는데 지구가 자전을 하기 때문에 지구에서는 회전하는 것처럼 보이는 것입니다.

세 번째 증거로는 전향력을 들 수 있습니다. 전향력은 지구가 자전하기 때문에 생기는 가상적인 힘으로서 북반구에서는 운동 방향의 오른쪽 직각 방향이고 남반구에서는 운동 방향의 왼쪽 직각 방향입니다.

네 번째로는 자유 낙하 물체의 동편 현상을 들 수 있으며 이

것은 중심에서의 거리에 따라 회전 속도가 다른데 높은 곳일
수록 빠릅니다. 그렇기 때문에 높은 곳에서 물체를 자유 낙하
시키면 목표 지점의 동쪽으로 떨어집니다. 이 밖에도 자전의
증거는 많이 있습니다.

 지구 공전의 증거도 있습니까?

 물론입니다. 지구 공전의 증거로는 먼저 연주시차를 들 수 있
습니다.

 연주시차가 뭐죠?

 지구가 태양 주위를 돌기 때문에 별의 위치가 다르게 보이는
것을 말하지요.

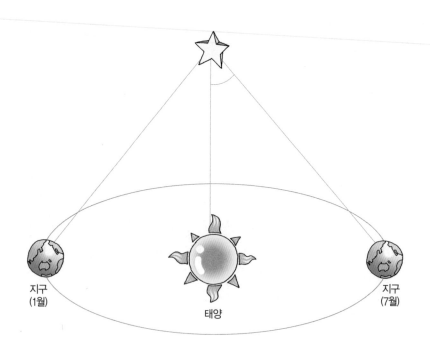

과학공화국
지구법정 8

그림을 보면 지구가 태양 주위를 돌기 때문에 지구에서 별을 보는 각도가 달라집니다. 지금 왼쪽 그림에서는 지구가 1월일 때와 6개월 후인 7월일 때의 지구의 위치를 나타낸 것입니다. 이 기간 동안 지구에서 별을 보는 각도는 그림처럼 변하게 되는데 이 각도의 절반을 연주시차라고 합니다. 즉, 연주시차가 생긴다는 것은 바로 지구가 공전을 한다는 증거이지요. 그런데 멀리 있는 별의 연주시차는 작고 가까이 있는 별의 연주시차는 크므로 이를 이용하면 별까지의 거리를 알 수 있습니다.

 어떻게 알 수 있지요?

 연주시차가 1초일 때 별까지의 거리를 1파섹이라고 정의하지요. 여기서 초는 아주 작은 각을 나타내는 각도의 단위인데 $1°$를 3600으로 나눈 한 각을 나타내지요.

 또 다른 지구 공전의 증거가 있습니까?

 물론이죠. 두 번째 증거는 지구가 공전하기 때문에 별빛이 약간 앞쪽으로 기울어져 관측되는 현상입니다. 비올 때 우산을 쓰고 달리는 것과 같으며 비는 아래로만 내리는데 달릴 때 보면 비가 우리 쪽으로 비스듬히 오는 것처럼 보이는 것을 느낄 수 있습니다. 세 번째로는 별빛 스펙트럼의 변화입니다. 별빛 스펙트럼을 찍으면 별빛의 파장이 길어져 붉게 보이거나 짧아져 파랗게 보이는 현상이 생깁니다. 이것은 지구가 공전하면서 그 별에 대해 멀어졌다 가까워졌다 하기 때문입니다.

 지구의 자전과 공전 속도는 어느 정도입니까?

 지구의 자전 속도는 1,700km/h이며 공전 속도는 107,160km/h로 1초에 30km를 갑니다. 보통 자동차가 고속 도로를 달리는 제한 속도가 100km/h인 데 비하면 엄청난 빠르기지요.

 정말 빠르게 자전, 공전을 하는군요. 그런데 지구의 자전과 공전에 비해 아주 느리게 돌아가는 회전 놀이 기구에서는 어지러움을 느끼는데 엄청나게 빠르게 자전과 공전을 하는 지구에 사는 사람들은 어지러움을 느끼지 못하는 이유가 있습니까?

 우리가 어지럽다고 느끼는 것은 주위 환경과 속도의 변화를 느끼기 때문에 어지럽다고 생각하는 것입니다. 즉 우리는 지구와 함께 움직이고 있고 지구의 자전은 매우 일정하게 움직이기 때문에 속도의 변화를 느낄 수 없고 어지럼증을 느끼지 못하는 것입니다. 엘리베이터에 탔을 때를 생각해 보면 엘리베이터가 일정한 속력으로 움직일 때 그 안에 있는 사람은 엘리베이터가 위로 움직이는 것을 느끼지 못합니다. 엘리베이터가 움직인다는 사실은 유리 밖으로 보이는 풍경이나 층마다 변하는 숫자, 출발과 도착 때 느껴지는 속도 변화로 알게 되는 것이지요. 코를 잡고 제자리를 돌면 우리만 돌고 주위는 돌지 않아 어지러움을 느끼지만 지구와 함께 돌면 모든 것이

 함께 돌기 때문에 어지럽지 않는 것도 같은 이치입니다.

지구는 자전과 공전을 하며 그 증거도 많이 있습니다. 지구가 자전을 하지만 어지럽다고 느끼지 못하는 것은 지구와 지구 안에 살고 있는 사람 모두가 한 몸인 것처럼 함께 돌고 있고 그 속도가 일정하기 때문에 어지럽다고 느끼지 않는 것입니다. 원고가 지구가 돌지 않는다고 주장한 것은 틀린 주장이므로 기각하여 줄 것을 요구합니다.

 회전 놀이 기구를 타고 어지러움을 느꼈다고 해서 지구가 돌지 않는다고 주장하는 것은 너무 성급한 판단이었습니다. 여러 가지 증거들과 변론을 통해 지구는 자전과 공전을 한다는 것을 인정합니다. 어지러움을 느끼는 것은 심리적인 효과와 오감을 통해 느껴지는 것에 의한 반응인 것 같습니다. 이상으로 재판을 마치도록 하겠습니다.

재판이 끝난 후, 자신의 생각이 논리적으로 맞지 않다는 것을 알게 된 뭐하지 씨는 실망했지만 놀이공원에서 즐거워하는 딸 하니를 보고 앞으로 아이와 함께 나들이를 자주 다녀야겠다고 생각했다.

> ### 지구 자전의 다른 증거
>
> 지구가 자전하는 다른 증거로는 낮과 밤이 생기는 것을 들 수 있다. 지구가 자전을 하지 않는다면 지구의 어느 지역은 항상 낮이 되고 다른 지역은 항상 밤이 되는데 어느 지역에서나 낮과 밤이 생기는 것은 바로 지구의 자전 때문이다.

태양이 더 커요, 달이 더 커요?

태양이 달보다 400배 정도 더 큰데 지구에서 보면 크기가 왜 같아 보일까요?

"시험 종료 10분 전. 다 푼 사람은 그냥 나가도 록 해요."

시험 종료 10분 전이라는 선생님의 말에 아이들 은 마음이 더욱 조급해졌고, 아무도 교실을 나갈 기미를 보이지 않았다.

"뭐, 잡고 앉아 있다고 모르는 답이 뿅 하고 튀어 나오나? 지금 까지 모르면 모르는 거야. 슬기로운 생활 수업 시간에 다 힌트 준 건데 십분 만에 답이 후다닥 튀어 나와야지."

선생님은 학생들을 놀리듯 시끄럽게 혼자서 재잘대고 있었고,

아이들은 이제 그 소리 나온다 싶은 표정으로 시험지만 쳐다보고
있다.

'니나니나니 고릴라다~ 잘생긴 놈~ 못생긴 놈~!'

잠시 후 종이 쳤고, 선생님은 시험지를 걷기 바빴다.

"맨 뒤에서부터 시험지 거둬서 나오도록! 거기 누구야? 모르나
이 녀석, 빨리 답지 내지 못해?"

모르나는 겨우겨우 답을 작성해서 냈고, 표정은 울듯 말듯 일그
러져 있었다. 시험이 다 끝나자 대부분의 아이들은 집으로 향했
고, 모르나와 친한 김무뇌와 뻔뻔해가 르나 주위로 모였다.

"아, 짜증나. 나 대략 망한 거 같아."

"왜? 이번에 문제 어려웠어? 난 의외로 술술 풀리던데."

"정말? 에잇~ 된장! 난 1번, 9번, 20번 세 개나 모르겠던데."

"겨우 세 개? 난 여섯 개나 모르겠던데. 지금 나 좀 웃어도 되겠
니? 하하하~! 하하하~! 여섯 개밖에 안 틀렸다고 좋아하고 있던
내가 미쳤지."

무뇌는 세 개나 틀렸다고 한탄하는 뻔해의 얘기를 듣고는 자신
이 한심한 생각이 들었다.

"근데, 르나 넌 괜찮아? 답 다 못 쓰고 낸 거 같던데. 어떡해, 많
이 못 썼어?"

그 순간 르나는 울음을 터뜨렸고, 무뇌와 뻔해는 당황스러웠다.

"르나야 울지 마, 괜찮아. 다음번에 잘 치면 되잖아. 나도 세 개

나 틀렸어."

"그래, 시험이 인생의 전부는 아니잖아. 나 같은 애도 잘 살고 있는데, 네가 왜 울고 그래?"

평소에 공부를 잘해 일등을 도맡아 오던 르나가 시험 후 울음을 터뜨리자 친구들은 걱정이 되어 달래기 시작했다.

"르나야, 많이 틀렸어?"

"으앙앙~! 엄마가 이번에 백점 못 맞으면 구루마 게임도 안 사 주고 집에서 쫓아낼 거라 그랬는데, 하나 틀린 거 같아. 어떡해? 으아앙~!"

'띠리리~ 띵띵띠!'

아이들은 번개를 맞은 듯 충격을 받았다.

"뭐, 하나!!!"

'우당탕탕탕탕!'

"넌 좀 혼나야 돼."

"한 개밖에 안 틀렸는데, 그렇게 운 거야? 그럼 난 뭐야? 난 완전 대성통곡을 해야겠네?"

한 개밖에 안 틀렸다는 르나의 얘기에 아이들은 흥분했고, 주위의 물건을 집어던지며 분노했다.

"그러지 말고, 우리 시험도 다 끝났으니까 오랜만에 우리 집에 가서 달모임 채팅방에 들어가자."

달을 좋아해서 달모임 동호회에 든 세 사람은 무뇌네 집에 가서 오랜만에 채팅방에 들어가 보기로 했다.

'딩동댕동~ 달랄라님 로그인이 되었습니다~ 즐팅 되십시오, 쌩유~!'

"무뇌 너 별명이 이게 뭐냐? 달랄라? 탈랄라도 아니고 달랄라? 진짜 유치 뽕짝이다."

"하하, 그러게."

"너희들은 언니의 세계를 몰라. 그건 그렇고 어느 채팅방 들어가 보나? 자, 새로고침."

"해를 좋아하는 모임 애들이 채팅방 만들었네, 여기 들어가 봐봐."

"어디 어디 어디? 쳇, 해를 좋아하는 모임 좋아하시네. 달랄라가 가신다, 기다려라."

달랄라님이 들어오셨습니다.

달랄라 : 하이삼~

해를지고가는아이 : 하이

해돌이 : 하이~ 오늘 아침에 해 뜨는 모습 봤어요?

해를 지고 가는 아이 : 당연한 거 아니에요? 저는 하루에 두 번씩 경건한 마음으로 해 뜨는 모습과 해가 지는 모습을 바라본답니다.

해돌이 : 그놈의 달만 없다면 참 좋을 텐데, 달은 해를 잡아먹는 악마예요, 악마!

달랄라 : 악마라니요! 말이 좀 심한 거 아닌가요?

해돌이 : 왜 갑자기 흥분하고 그러세요, 혹시 달모임이세요?

달랄라 : 남이사 달모임이든 딸모임이든 그쪽이 상관할 바 없잖아요. 해를 지고 가는 아이? 쳇, 똥을 지고 가는 아이로 바꾸세요.

해를지고가는 아이 : ㅡ;; 너 초딩이지? 초딩은 여기 들어오는 거 아니야. 집에 가서 만화나 보렴.

달랄라 : 나 초딩 아니거든? 그리고 초딩이 어때서? 초딩이라고 무시하지 마!

해를지고가는 아이 : 초딩 아니면서 왜 초딩을 감싸고도는 거지? 거봐, 초딩 맞구만. 그래도 초딩이 부끄러운 줄은 아나 보지. 하하하~!

달랄라 : 어쨌든 달이 해보다 훨씬 좋으니까 앞으론 달 욕하지 마!

해돌이 : 달은 어둠 속의 자식이야. 밤에만 뜨잖아.

달랄라 : 뭐? 달을 모욕하는 건 참을 수 없어. 달이 얼마나 좋았으면 토끼가 다 살겠어? 해는 안 좋으니까 아무도 안 살잖아.

해돌이 : 그렇게 좋으면 이 언니가 너도 달나라로 영원히 보내줄게.

해를지고가는 아이 : 하하~ 그래, 감히 어디서 달이 해한테 덤비는 거야? 우리 태양계에서 해가 제일 큰 거 몰라? 왕언니한테 까불면 혼난다, 달꼬마야~!

달랄라 : 뭐? 해가 제일 크다고? 무슨 소리, 해랑 달은 크기가 같거든. 너희는 실험 관찰 시간에 안 배웠냐?

해돌이 : 실험 관찰이래, 푸하하하~!

해를지고가는 아이 : 꼬마야, 우린 실험 관찰 예전에 떼서 기억이 안 나거든? 하하~!

달랄라 : 어쨌든 달과 해는 크기가 같다고.

해를지고가는 아이 : 우길 걸 우겨야지, 초딩 주제에.

달랄라 : 초딩 초딩 하면서 무시하는데, 지구법정에 너희를 고소해서 달과 해의 크기가 같다는 사실을 꼭 밝혀내 초등의 파워를 보여 주겠어!

태양의 크기는 달에 비해 약 400배 정도 더 큽니다. 멀리 있는 물체가 더 작게 보이기 때문에 태양과 달의 크기가 비슷해 보이는 것입니다.

달과 해의 크기가 같을까요?
지구법정에서 알아봅시다.

달랄라가 달과 해의 크기가 같다고 주장하는군요. 지구에서 보이는 달과 해의 크기가 같아 보이긴 하지만 정말 달과 해의 크기가 같을까요?

 재판을 시작하겠습니다. 해와 달의 크기가 같다는 주장에 대한 결론을 내리도록 하겠습니다. 해와 달의 크기가 같다고 주장하는 원고 측의 변론을 들어 보겠습니다.

 우리는 지구에서 낮에는 해를 볼 수 있고 밤에는 달을 볼 수 있습니다. 해와 달의 크기는 거의 비슷하다는 것을 알 수 있습니다. 해와 달의 크기가 1㎜도 차이가 없을 수는 없지만 둘의 크기는 거의 비슷하다고 주장합니다.

 눈으로 보이는 크기로 해와 달이 같다고 보는 것은 주관적인 주장입니다. 좀 더 객관적인 주장은 무엇이 있습니까?

 태양과 지구 사이에 달이 들어와서 태양빛을 가리는 현상을 일식이라고 합니다. 일식이 일어날 때 달은 태양과 크기가 거의 비슷해 달이 해의 전부를 가릴 때도 있습니다.

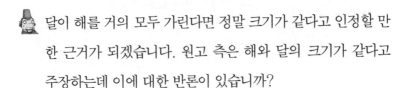 달이 해를 거의 모두 가린다면 정말 크기가 같다고 인정할 만한 근거가 되겠습니다. 원고 측은 해와 달의 크기가 같다고 주장하는데 이에 대한 반론이 있습니까?

해와 달의 크기가 같다는 것을 절대로 인정할 수 없습니다. 해와 달의 크기가 같게 보이는 것은 겉보기 크기이며 실제 크기가 아닙니다.

지구에서 볼 때 해와 달의 크기가 같아 보이는 것뿐이라는 겁니까?

겉으로 보이는 겉보기 크기가 실제 크기라고 볼 수 없습니다. 멀리 있는 물체는 작게 보이고 가까이 있는 물체는 크게 보이는 것처럼 해와 달이 같은 거리에 있지 않으면 둘의 크기는 차이가 아주 많습니다.

해와 달의 크기는 얼마나 차이가 있습니까?

해와 달의 크기에 대한 정확한 정보를 제공해 줄 증인을 요청합니다. 증인은 천체과학연구소의 해달사랑 연구소장님입니다.

증인 요청을 받아들이겠습니다.

해 모양 브로치를 가슴에 달고 달 모양 안경을 쓴 50대 중반의 남성이 해와 달 사진첩을 옆구리에 끼우고 증인석에 앉았다.

 해와 달에 대해서 전문이라고 들었습니다. 해는 어떤 특징을 가졌습니까?

 해는 태양을 말합니다. 태양은 지구에서 가장 가까운 항성으로 표면의 모양을 관측할 수 있는 유일한 것으로 인류가 이용하는 에너지의 대부분은 태양에 의존합니다. 태양은 전체가 거대한 고온의 기체 공이기 때문에 밀도가 작습니다. 태양의 기체를 이루는 원소는 대부분이 수소(H), 다음이 헬륨(He)이고, 이 밖에 극히 적은 양의 나트륨(Na), 마그네슘(Mg), 철(Fe) 등 지구상에 알려진 원소 약 70종이 기체 상태로 존재하는 것이 확인되었습니다. 육안으로 보아 둥글고 빛나는 부분을 광구라고 하는데, 이는 표면에서 깊이 약 300km까지의 층으로 그 온도는 약 6,000℃입니다. 온도는 광구의 아래쪽에서 상층으로 가면서 내려갔다가 채층에 들어가면 다시 오르는데 채층은 광구 밖으로 이어지는 극히 얇은 두께 약 1만 km의 층으로, 개기일식에서 광구가 달에 가려질 때 붉은색으로 빛납니다. 또, 바깥쪽에는 역시 개기일식 때 태양의 반지름 또는 그 두 배 정도까지 희게 빛나는 코로나가 있는데 온도는 100만℃나 되는 고온이지만, 극히 희박하기 때문에 가장 밝은 아랫부분에서도 광구의 밝기에 비해 100만분의 1 정도로 매우 약합니다.

 달은 어떤 특징을 가지고 있습니까?

달은 태양과 달리 빛을 내는 항성이 아닌 행성 지구의 위성이기 때문에 빛을 받는 부분만 밝게 빛나게 됩니다. 때문에 달은 지구 주위를 공전하면서 그 모양이 변화합니다. 장소에 따른 모양의 변화를 위상이라 합니다. 위상이 삭에서 삭까지, 또는 망에서 망까지 변화하는 데 걸리는 시간을 삭망월이라고 하며, 그 주기는 약 29.5일입니다. 따라서 음력은 29일과 30일을 번갈아 돌아가고, 음력 날짜에 따라 달의 위상이 변화하게 됩니다.

지구에서 보이는 해와 달의 크기는 거의 같아 보입니다. 그렇다면 해와 달의 크기가 같다고 할 수 있습니까?

지구에서 보는 해와 달의 크기가 같아 보이는 것은 겉보기 크기가 같은 것이며 실제 크기는 너무나도 많은 차이가 납니다.

태양과 달 중에서 어느 것이 더 큽니까?

태양과 달의 실제 크기를 살펴보면 태양은 반지름이 무려 700,000km이고 달의 반지름은 1,738km로 약 400배가 차이가 납니다. 따라서 태양이 달보다 무진장 더 크다는 것을 알 수 있습니다.

태양이 달에 비해 엄청나게 큰데도 불구하고 지구에서 볼 때 같아 보이는 이유는 무엇입니까?

그 이유는 거리에 원인이 있습니다. 지구와 태양까지의 거리는 1억 5천만km이고 지구와 달까지의 거리는 38만km입니다. 따라서 태양과 지구와의 거리는 달과 지구와의 거리의 400배입니다. 또한 지구는 지름이 태양보다 400배나 작습니다. 그러니 태양도 400배나 축소된 모습으로 우리에게 보이고 달은 원래 크기가 태양보다 400배나 작으니 또 작게 보이는 것입니다. 따라서 태양은 크기가 크지만 거리는 멀고 달은 크기가 작지만 지구와 아주 가깝기 때문에 지구에서 볼 때 태양과 달의 크기가 별 차이가 없는 것처럼 보이는 것입니다.

 지구에서 볼 때는 태양과 달의 크기가 같아 보이지만 그것은 겉보기 크기에 불과하고 실제 크기는 태양이 달에 비해 약 400배 정도 더 큽니다. 하지만 태양이 달보다 지구에서 크기에 비례한 만큼 멀리 떨어져 있기 때문에 둘의 크기가 비슷해 보이는 것입니다. 따라서 해와 달의 크기가 같다는 주장은 틀린 주장으로 원고의 주장을 기각해야 합니다.

실제 크기가 많이 차이 나더라도 크기에 비례하여 거리에도 차이가 난다면 지구에서 보이는 둘의 크기가 충분히 달라질 수 있다는 것이군요. 눈에 보이는 것이 실체라고 생각하면 크게 실수할 수 있겠습니다. 태양은 지구에서 멀리 떨어져 있기 때문에 달과 비슷한 크기로 보이는 것이며 실제 크기는 달보다 엄청나게 크다는 결론을 얻을 수 있습니다. 이상으로 재판을 마치도록 하겠습니다.

재판이 끝난 후, 달보다 태양이 훨씬 더 크다는 사실을 알게 된 모르나와 친구들은 매우 실망했다. 하지만 이번 사건을 계기로 해서 달에 대해 더 알아보고 공부하는 기회를 만들겠다며 세 친구는 달과 관련된 책을 많이 읽게 되었다.

 아리스타르코스

기원전 시대에도 지구가 태양 주위를 돈다고 주장한 사람이 있었는데 그가 바로 그리스의 아리스타르코스이다. 그는 이외에도 지구와 달 사이의 거리를 처음으로 계산한 걸로도 유명하다.

야외 결혼식 대소동

정오보다 오후 2시에 태양 에너지가 더 강한 이유는 뭘까요?

"아 배고파, 누구 도시락이지? 이거라도 먹어야
겠다."

사이코 양은 겨우 둘째 수업 시간이 끝났는데 배
가 고파왔고, 우연히 옆 반을 지나다가 도시락이 책상 위에 있는
것을 발견하고는 급하게 먹기 시작했다.

"야, 너 뭐야? 어쭈~! 내 도시락을 먹어? 이게 죽으려고!"

그때 도시락 주인인 학교 짱 유노가 들어왔다.

"아, 이거 네 도시락이야? 미안! 배가 너무 고파서. 놀랐어?"

"뭐 이런 게 다 있어?"

"할 말 없으면 나…… 가도 되지? 안녕~! 잘 먹었어."

사이코 양은 자신이 남의 도시락을 함부로 까먹었다는 사실에 대해 미안해하는 기색은 조금도 보이지 않았고, 평소에 거칠기로 소문난 유노는 그런 뻔뻔한 모습에 당황해서 아무 말도 못했다.

"안녕, 귀여운 아가씨! 수업 듣지 말고 우리랑 같이 레포츠나 즐기러 가는 게 어때?"

"너희들은 뭐야? 내가 누군지 알고 집적대?"

"흥, 말하는 거 보니 아주 대단하신 분 같은데 몰라 봐서 어쩌죠? 하하하하!"

"나 정유노 여친이거든? 그러니까 까불지 마."

"뭐? 우리 학교 짱 정유노?"

"에이~! 괜히 건드려서 부스럼 만들지 말고 그냥 가자."

"그래, 별로 예쁘지도 않은데."

사이코 양은 학교에 돌아다니는 불량배들을 만나자 자신이 학교 짱 유노의 여친이라고 말했고, 그 소문은 순식간에 학교에 퍼졌다.

"유노, 너 여친 생겼다며? 좋겠다?"

"뭐? 여친? 그게 무슨 소리야?"

"전학 온 이코랑 사귄다면서?"

"뭐? 내가 왜? 내가 왜 개랑 사겨? 그 사이코 같은 애랑? 절대 아니야, 아니라고."

유노는 화가 치밀어 올랐고, 친구들과 놀고 있는 이코를 무작정 끌고 왔다.

"내가 네 남친이라고 소문내고 다녔냐? 이게, 죽으려고 용을 써라 용을 써."

"그게 아니라 이상한 애들이 와서 집적거리잖아. 아는 애가 너밖에 없는데 어떡해? 그래서 네 여친이라고 그런 거야."

"뭐? 누구 맘대로? 우리 학교에 똘이라는 애 있거든, 앞으로 누가 물어보면 똘이 여친이라 그래. 알겠냐?"

"나한테 뭐라 그러지 마. 사실 나 오늘 너한테 야단맞을 기분 아니야."

이코는 갑자기 슬픈 눈빛을 지으며 고개를 푹 숙였다.

"또 무슨 수를 쓰려고?"

"사실, 오늘 아빠가 하늘로 가신 날이야."

"뭐? 하늘로? 어쨌든, 담부터 한 번만 더 그러면 가만 안 둬."

유노는 측은한 생각이 들었고 교실로 돌아가려 했다. 그때 이코의 폰에 전화가 왔다.

"엉, 아빠! 알겠어요. 그쪽으로 갈게요. 나중에 봐요."

"야, 너 오늘 아빠가 하늘로 가신 날이라면서?"

"응, 하늘로 갔어. 비행기 타고 일본으로 출장 가셨다고. 그럼 안녕."

이코는 전혀 미안한 기색 없이 혼자 가 버렸다.

그러던 어느 날 유노가 길을 가고 있었는데, 이코가 누기 자기를 쫓아온다며 자신 좀 도와 달라면서 유노를 끌고 갔다.

"이게 또 어디서 삥을 칠라고."

"진짜야, 저기 봐."

뒤에서 누군가가 이코를 쫓아오고 있었고, 유노는 급한 마음에 이코를 따라갔다.

"야, 너 돈 있냐?"

"돈? 민 달란밖에 없는데?"

"줘 봐."

잠시 후 이코가 돌아왔다.

"야, 얼른 와."

이코는 무작정 유노를 끌고 갔다.

"뭐야? 영화 보려고 생쇼한 거야? 뭐 이런 게 다 있어?"

유노는 너무 화가 난 나머지 영화관에서 뛰쳐나왔고, 이코도 뒤쫓아 갔다.

"뭐 이런 게 다 있어? 앞으로 내 눈에 띄기만 해 봐."

유노가 약간 심한 말을 하자 이코는 고개를 푹 숙이고 있었고, 유노는 미안한 마음이 들었다.

"야, 너 우냐? 그러게 왜 거짓말을 해?"

"아니, 이 노래 때문에. 사실 사랑하던 사람이 있었어. 근데 이 노래만 남겨 두고 떠났어. 3년 전에."

"3년 전? 이 노래 나온 지 일 년밖에 안 됐거든? 아예 거짓말을 입에 달고 사네, 이게?"

"야, 너 되게 귀엽다. 빨리 도망 가."

"뭐?"

"3초 안에 도망 안 가면 너한테 뽀뽀한다. 3, 2, 1……."

이코는 유노에게 뽀뽀를 하고는 가 버렸다. 그렇게 두 사람은 점점 가까워져 사귀게 됐고, 몇 년 후엔 결혼을 하게 됐다. 이코의 고집으로 야외 결혼식을 하기로 했고, 이벤트 회사에 일을 맡겼다.

원래는 12시에 식을 올리려 했는데, 이벤트 회사의 고집으로 오후 2시에 식을 올리게 됐다. 그런데 예상 외로 날씨가 너무 더웠고, 하객뿐만 아니라 신랑 신부도 일사병에 걸리고 말았다.

"유노야, 괜찮아? 네 얼굴 너무 새까매."

"네 얼굴도 마찬가지거든? 그러게 내가 그냥 실내에서 식 올리자고 그랬지? 꼭 고집 부려가지고……."

둘은 신혼여행도 못 간 채 병원에 나란히 입원을 하게 되었다.

"신혼여행도 못 가고 이게 뭐야? 아프리카 새깜둥이처럼 얼굴이나 타고. 아이, 억울해."

"그러게 12시에 식을 올렸으면 이렇게 되진 않았을 텐데, 다 이벤트 회사 때문이야. 안 되겠어. 이벤트 회사를 지구법정에 고소해야겠어."

태양이 지면과 수직인 시간은 12시이지만, 지면을 데우고 그 열이 공기에 전해지는 데는 2시간 정도 걸리기 때문이에요.

해가 가장 강하게 내리쬐는 12시를 피해서 2시에 하는 건데 왜 이렇게 더운 거야?

지글지글

태양의 고도는 햇빛과 지면이 이루는 각을 말하는데 태양이 비추는 각도가 클수록 단위 면적당 받는 태양 에너지가 커집니다.

과학공화국
지구법정 8

정오보다 오후 2시에 태양 에너지가
더 강한 이유는 뭘까요?
지구법정에서 알아봅시다.

결혼식 도중 일사병에 걸려 신혼여행도 가
지 못한 부부가 참 불쌍합니다. 오후 12시가
아닌 2시에 일사병에 걸리는 이유가 무엇일까
요? 지구법정에서 알아봅시다.

 재판을 시작하겠습니다. 원고는 결혼식 도중 일사병에 걸린
부부에 대한 책임이 12시 결혼식을 2시로 연기한 이벤트 회
사에 있다고 주장하고 있습니다. 피고 측 변론을 들어 보도록
하겠습니다.

 태양으로부터 오는 햇빛은 빛에너지와 열에너지를 지구에 공
급합니다. 열에너지가 너무 강하면 사람이 일사병에 걸릴 수
있습니다. 하지만 일사병은 해가 가장 강하게 내리쬐는 12시
에 걸릴 확률이 가장 많습니다. 이벤트 회사에서 12시의 결
혼식을 2시로 연기한 이유도 이 때문입니다. 오후 2시 결혼
식에서 일사병에 걸린 것은 신랑 신부가 원래 허약했던 게 이
유일 것입니다. 만약 12시에 결혼식을 했다면 일사병에 걸린
정도가 더 심각했을지 모릅니다.

피고 측은 오히려 일사병을 피해서 오후 2시에 결혼식을 올리도록 했다고 하는군요. 그렇다면 정말 신랑 신부 모두가 허약 체질이기 때문일까요? 원고 측 변론을 들어 보도록 하겠습니다.

 보통 일사병에 걸리는 것은 12시가 아니라 2시입니다.

 12시에 태양이 가장 강하다고 알고 있는데 2시가 일사병에 더 쉽게 걸릴 수 있는 이유는 무엇입니까?

 일사병은 태양이 강하게 내리쬘 때 걸립니다. 태양이 가장 강할 때가 언제인지 남중고도연구소의 더높아 소장님을 증인으로 모셔서 설명을 들어 보도록 하겠습니다.

 증인 요청을 받아들이겠습니다.

내부에 지구본이 든 투명한 유리통을 한 아름 안은 50대 중반의 남성이 부피가 큰 유리통 덕분에 앞이 잘 보이지 않아 뒤뚱거리면서 걸어 들어가 증인석에 앉았다.

 태양 에너지에 의해 발생하는 일사병에 조심해야 될 때는 하루 중 언제입니까?

 태양이 지구를 감싸는 가상의 구를 천구라 하고 사람의 머리 위를 천정이라 하며 자오선은 천구의 북극과 남극과 천정을 지나 적도와 수직으로 만나는 큰 원을 말합니다. 남중이란 자

오선을 통과할 때를 말하는데 태양 에너지가 가장 강하게 내리쬐는 것은 태양이 남중했을 때입니다. 그 시간이 12시경이 되지요.

그렇다면 피고 측의 주장이 옳은 것인가요? 12시가 태양 에너지가 가장 강하면 2시는 약할 테니까요.

그것은 아닙니다. 12시가 태양이 남중을 하기 때문에 가장 더운 것처럼 보이지만 오후 2시 정도가 더위로 가장 힘들어하는 시간입니다. 그 이유는 태양이 지면과 수직인 시간이 정오 12시이지만 지면을 데우고 그 열이 공기에 전해지는 데 두 시간 정도 걸리기 때문입니다.

태양 에너지가 큰 것을 어떻게 알 수 있습니까?

태양이 비추는 각도가 클수록 단위 면적당 받는 태양 에너지가 크며 태양이 남중했을 때 남중고도가 클수록 에너지가 큽니다. 태양의 고도는 햇빛과 지면이 이루는 각으로서 태양이 정남쪽에 있을 때 나타나는 고도를 남중고도라고 합니다.

남중고도가 높고 낮음에 따라 달라지는 것이 있습니까?

낮의 길이가 가장 길 때는 하지이고 가장 짧을 때는 동지이며 남중고도가 높을수록 기온과 낮의 길이가 길어집니다.

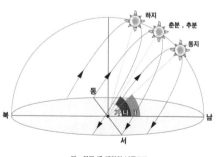

가 : 하지 때 태양의 남중고도
나 : 춘분, 추분 때 태양의 남중고도
다 : 동지 때 태양의 남중고도

하지의 경우 남중고도가 76°이고 일평균 기온이 23.6℃이며 낮의 길이는 14시간 45분입니다.

남중고도는 어떻게 측정할 수 있습니까? 그리고 남중고도가 달라지는 까닭은 무엇입니까?

위도는 적도에서 올라온 각도를 말하고 적위는 천구상의 천체의 위치를 나타내는 적도 좌표에서의 위도를 말합니다. 남중고도를 문자 h라고 나타낼 때 위도가 적위보다 클 때는 h = 90° - 위도 + 적위로 구할 수 있고 위도가 적위보다 작

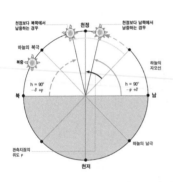

을 때는 h = 90° - 적위 + 위도로 구할 수 있습니다. 따라서 위도 37° 지역의 하지 때 남중고도는 h = 90° - 37° + 23.5° = 76.5°가 됩니다. 남중고도가 90°일 경우 태양은 머리 위에서 수직으로 비추므로 그림자의 길이가 최소가 됩니다. 계절에 따라 남중고도와 그림자의 길이가 달라지는 까닭은 지구가 태양 주위를 돌때 23.5° 기울어져서 돌기 때문이며 그림자의 길이가 길어지는 이유는 태양의 고도가 낮아지기 때문입니다.

남중고도가 높을수록 기온이 올라가며 하지 때는 너무 더워 일사병에 걸릴 위험이 매우 크므로 야외 결혼식을 자제하는 것이 좋겠습니다. 남중하는 시간은 12시지만 지면을 데우고 더위를 느끼는 데까지 두 시간이 걸린다는 사실을 이벤트 회

사에서 고려하지 못한 것이군요. 결혼식을 계획하는 전문적
인 회사의 입장에서 너무 큰 실수를 했다고 판단됩니다. 병원
에 입원한 신랑 신부의 치료비와 신혼여행을 가지 못한 데 대
한 피해 보상을 요구합니다.

 결혼식 도중에 일사병으로 결혼식을 제대로 치르지 못하고 병
원에 입원한 신랑 신부의 사연이 참으로 안타깝군요. 태양이
지면을 데우는 에너지가 아주 강한 것 같습니다. 이벤트 회사
는 결혼식에 대한 모든 책임을 맡고 있는데 결혼식 시간을 제
대로 계획하지 못한 데에 따른 책임이 있다고 판단됩니다. 따
라서 신랑 신부에 대한 치료비와 신혼여행에 대한 손해 배상을
해 주어야 합니다. 이상으로 재판을 마치도록 하겠습니다.

재판이 끝난 후, 이벤트 회사는 신랑 신부에게 치료비와 함께
피해에 대한 모든 손해 배상을 해 주었다. 다시 건강해진 두 사
람은 결혼식을 올린 지 며칠이 지난 후에야 신혼여행을 가게 되
었고, 오후 2시에는 절대 밖에 나가지 않고 실내에만 있었다고
한다.

 고도와 남중고도

천체의 고도란 지평선에서 천체까지 잰 각을 말하는데 남중고도란 고도가 가장 클 때의 고도를 뜻한
다. 태양은 하루 동안 고도가 변하는데 해가 뜬 후부터 남중고도에 도달할 때까지는 고도가 증가하고
그 이후부터는 고도가 감소한다.

지구가 둥글죠

둥근 지구 위에서 사람들이 떨어지지 않는 이유는 뭘까요?

'둥~둥~둥~둥~!'

해가 떠오르자 몇몇 사람들이 북을 치기 시작했
다. 교주가 떠오르는 해를 향해서 절을 하기 시작
했고, 사람들은 그런 교주를 둘러싸고는 부동의 자세를 취하고 있
다. 남자들은 여자들이 입는 한복을 입었고, 여자들은 남자들이
입는 한복을 입었다. 그리고 남자들은 머리가 모두 길어 댕기머리
를 하고 있고, 여자들은 싹둑 자른 커트 머리를 하고 있다. 교주는
남자 한복과 여자 한복을 짬뽕으로 겹쳐 입었고, 머리는 귀신처럼
지저분하게 길어 마구 엉클어져 있다. 잠시 후 교주가 일어나더니

사람들 쪽으로 방향을 틀었다.

"황진교 신도들이여, 믿습니까?"

"믿습니다."

"믿습니까?"

"믿습니다."

"그럼 저기 떠오르고 있는 우리 황진신께 다 같이 우리의 믿음을 보여 줍시다. 다들 준비됐나요?"

잠시 후 방울 소리와 함께 사물놀이 소리가 들려왔고, 사람들은 그 소리에 맞춰 통춤을 추기 시작했다.

"어젯밤 황진신께서 나타나셔서 신도들이 추는 통춤이 너무 귀엽다며 해맑게 웃으셨습니다. 그런데 저한테 살짝 말씀하시더군요. 통춤이 약간 식상해졌다고요. 요새는 박거성의 쪼쪼댄스가 유행하고 있으니 우리 신도들이 쪼쪼댄스를 추는 모습을 보고 싶다고 흘리듯 말씀하시고는 사라지셨습니다. 오늘 저녁부터는 황진신께 다가가기 위해 수련당에 모여서 쪼쪼댄스를 배우도록 하겠습니다."

해가 저물고 저녁 시간이 되자 사람들은 수련당에 모여들었다.

"신도들이여, 우선 쪼쪼댄스 강습에 들어가기 전 생활 예절에 대해서 배우도록 하겠습니다. 오늘은 앉는 자세에 대해서 배워 보도록 할 텐데요. 남자들이 앉을 때 자세와 여자들이 앉을 때 자세에 대해서 우선 살펴보지요."

교주가 설명을 하는 동안 남자 한복을 입은 여자와 여자 한복을 입은 남자 한 명이 의자를 들고 맨 앞에 나와 시범을 보일 준비를 했다.

"남자는 앉을 때 아무 데나 앉아도 됩니다. 다리를 쫙~ 벌려 주고 앉으면 남자의 카리스마가 한층 더 돋보이겠죠. 한 번 시범을 보여 주시지요."

교주가 시범을 보일 것을 요구하자, 남자 한복을 입은 여자는 다리를 쫘~악 벌린 채 의자에 앉았고 이를 보고 있던 남자 한복을 입은 신도들도 모두 따라했다.

"다음으로 여자는 앉을 때 가지런히 앉아야 하겠죠. 다리를 모으고 앉아야 합니다."

교주가 말을 하기 무섭게 여자 한복을 입은 남자는 곱게 다리를 모아 의자에 앉았고, 아까와 마찬가지로 이를 보고 있던 여자 한복을 입은 신도들이 모두 따라했다.

이 과정이 끝나고 사람들은 본격적으로 쪼쪼댄스를 배웠다.

♩♪쪼~ 쪼~ 쪼~ 쪼♬♪

음악에 맞춰서 교주가 시범을 보였고, 사람들은 교주의 춤을 보며 쪼쪼댄스를 익혔다. 다음 날 아침 해가 떠오르자 어제와 마찬가지로 사람들은 모두 모여서 이 모습을 지켜보았고, 교주는 떠오르는 해를 향해 절을 했다.

"황진교 신도들이여, 믿습니까?"

"믿습니다."

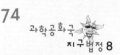

"믿습니까?"

"믿습니다."

"그럼 어제 배운 쪼쪼댄스로 황진신을 기쁘게 해 드립시다."

♩♪쪼~ 쪼~ 쪼~ 쪼♬

그 순간 음악이 흘러 나왔고, 사람들은 음악에 맞추어 미친 듯이 쪼쪼댄스를 추기 시작했다.

"어젯밤 황진신께서 나타나셔서 저에게 말씀하셨습니다. 사람들이 지구가 둥글다고 알고 있지만 사실 지구는 둥근 게 아니라 편평하다고요. 만약 지구가 둥글다면 지구의 사람들은 모두 북극 지방에만 몰려 살아야 하기 때문에 지구는 사실 편평하다고 알려 주셨습니다. 황진신께서 지구가 둥글다고 말한 갈릴레이를 만나서 따끔하게 혼내 줬더니, 자신이 잘못했다며 용서를 구했다고 합니다. 그리고 갈릴레이가 지구의 둥근 모습을 본 적이 없다고 시인했으며, 참회의 눈물을 흘렸다고 합니다. 여러분 믿습니까?"

"믿습니다."

"그럼 우리의 말씀을 전파하러 갑시다. 내일부터 전국에 있는 산속을 돌아다니며 전국 대장정을 시작하겠습니다."

그렇게 황진신의 말씀을 전하러 황진교 교주와 신도들은 전국 방방곡곡을 돌아다녔고, 돌아다니면 다닐수록 신도들의 숫자는 눈덩이처럼 불어났다. 황진교 교주가 '지구는 편평하다'고 말하며 돌아다닌다는 사실이 과학공화국에 퍼지기 시작했고, 이 사실이 천문 수사대의 귀에까지 들어가게 됐다.

"지구가 편평하다고? 그놈의 꼬라지처럼 구시대적인 발상이 아닐 수가 없군."

"이대로 놔두면 사람들이 모두 지구가 편평하다고 믿고 말 거예요. 당장 이놈을 잡으러 갑시다."

더 이상 두고 볼 수 없었던 천문 수사대에서는 교주를 잡으러 수련당으로 잠입했다. 그때 황진교 사람들은 쪼쪼댄스를 배우고 있었다.

♩쪼~ 쪼~ 쪼♫

"저거, 뭐야? 산 구석에 처박혀 살면서 할 건 다하는구먼. 지금이야. 덮치자."

천문 수사대 사람들은 순식간에 덤벼들어 교주를 체포하는 데 성공했다.

"당신들 뭐야?"

"우린 천문 수사대에서 나왔으니, 꼼짝 마."

"천문 수사대에서 날 왜 데려가요?"

"왜 가는지는 네가 더 잘 알 텐데? 근데, 이건 남자야, 여자야? 쿵쿵~ 어쭈구리. 머리도 안 감았네. 아무리 교주라도 그렇지, 머리는 좀 감고 살지 그랬냐. 간지러워서 어떻게 살았니?"

교주는 안 갈 거라고 생떼를 썼지만, 결국 천문 수사대에 의해서 지구법정에 서게 됐다.

사람들이 둥근 지구에서 추락하지 않는 이유는 지구의 중심 방향으로
힘이 작용하기 때문입니다.

시구가 둥근데 사람들은
왜 떨어지지 않는 걸까요?
지구법정에서 알아봅시다.

천문 수사대에서 교주를 체포한 것을 보면
교주의 말이 옳지 않은 것 같군요. 지구가 둥근
지 편평한지 지구법정에서 알아봅시다.

 재판을 시작하겠습니다. 천문 수사대에 끌려온 교주의 죄는
무엇인가요? 원고 측 변론을 시작하십시오.

 교주는 지구가 편평하다고 주장하고 신도들에게 주입하여 잘
못된 사실을 퍼뜨리고 다니고 있습니다. 지구는 절대 편평하
지 않습니다.

 지구가 편평하지 않다면 어떻게 생겼나요?

 지구는 둥글게 생겼습니다.

 천문 수사대 측에서는 지구가 둥글다고 하는데 교주는 왜 지
구가 편평하다고 주장하는 것인가요? 피고 측 변론을 들어
보겠습니다.

 지구는 절대 둥글지 않습니다.

 지구가 둥글다고 한 것은 오래전부터 사실로 받아들여진 것
아닌가요?

둥근 공 위에 올라서 보십시오. 중심을 잡고 서 있을 수 있는 곳은 공의 가장 윗부분입니다. 지구도 마찬가지입니다. 지구가 둥글다면 전 세계 사람들이 모두 지구의 북극에 모여 살아야 합니다. 다른 곳의 사람들은 모두 아래로 추락해 버릴 겁니다. 그런데 세계 사람들이 북극에 모여 살기엔 땅이 너무 좁습니다. 그리고 기온이 너무 낮아 살아가기도 힘들겠지요. 따라서 지구는 편평해야지 세계 사람들이 지금과 같이 살아갈 수 있습니다.

 지구가 편평해야지 아래로 추락하지 않는다고 주장하는 피고 측의 말에 대한 원고 측의 반론을 들어 보도록 하겠습니다.

지구가 둥글다고 주장하는 데는 이유가 있습니다. 지구가 둥글어도 지구의 중심 방향으로 힘이 작용하므로 사람들은 추락하지 않습니다.

어떤 힘인가요?

지구 중심 방향으로 작용하는 힘과 지구가 둥근 증거에 대한 증언을 해 주실 분을 모셨습니다. 천문 수사대의 다밝혀 소장님을 증인으로 요청합니다.

증인 요청을 받아들이겠습니다.

예리한 눈매를 가진 50대 초반의 남성이 무테안경을 쓰고 깔끔한 정장 차림으로 증인석에 앉았다.

지구는 둥근가요, 편평한가요?

 지구는 둥근 모양입니다.

 지구가 둥근데도 사람들이 추락하지 않고 살아갈 수 있는 이유는 무엇인가요?

 그것은 바로 지구 중심 방향으로 작용하는 중력 때문입니다. 중력은 천체의 중심으로부터 모든 방향에 대해 거리에 따라 작용하기 때문에 중심에서부터 표면까지 거리가 일정한 구 모양을 가질 수밖에 없습니다. 특히 지구형 행성은 무거운 산소, 규소, 철 등으로 구성돼 단단한 암석으로 굳어 공 모양에 가까운 것이고, 무거운 것이 태양계 안쪽에 자리 잡는 것은 바닷가에 모래를 버렸을 때 굵은 모래는 가라앉고 가벼운 모래가 멀리 바다로 실려 가는 원리와 같습니다.

 지구가 둥근 모양을 갖는 증거가 있습니까?

 물론 있습니다. 가장 간단한 방법으로는 과학 기술이 발달함에 따라 인공위성으로 지구의 모습을 사진으로 찍으면 됩니다. 인공위성으로 찍은 지구 사진은 원형입니다.

 옛날 사람들은 지구가 둥근 것을 어떻게 알 수 있었나요?

 과학 기술이 발달하기 이전에도 지구가 둥글다는 증거는 여럿 있습니다. 첫째, 마젤란의 세계 여행이 알려 주듯이 한 방향으로 계속 가면 다시 그 자리로 돌아온다는 것입니다. 둘째, 월식과 일식 때 비춰지는 지구 그림자가 원형입니다. 셋

째, 항구로 들어오는 배의 윗부분부터 차츰 보이기 시작한다
는 것입니다. 넷째, 지구가 편평하다면 높은 곳에서 내려다볼
경우 무한히 먼 곳도 볼 수 있을 테지만 높은 곳에서 볼 수 있
는 거리가 한정적입니다.

 지구가 둥근 증거들이 꽤 많군요. 증인의 증언에서처럼 지구
는 둥글며, '지구는 편평하다' 고 하는 교주의 주장은 신도들
의 판단력을 흐리게 하고 있습니다. 따라서 교주가 더 이상
지구가 편평하다는 주장을 못하도록 할 것을 주장합니다.

지금까지의 변론을 통해 지구는 둥글다고 판단됩니다. 교주
는 앞으로 신도들에게 지구가 편평하다는 주장을 하지 말아
야 하며 신도들의 판단력을 흐트러뜨려 사회적으로 무리가
가는 행동은 삼가도록 하십시오. 이상으로 재판을 마치도록
하겠습니다.

재판 후, 황진교가 사이비라는 것을 알게 된 황진교 교도들은 모
두 탈퇴를 했고 그제야 교주는 반성을 하고 착하게 살기로 했다.

 아리스토텔레스

지구가 둥글다는 것을 처음 주장한 사람은 그리스 시대의 아리스토텔레스이다. 그는 월식이 일어날
때 지구의 그림자가 둥그런 모양을 하고 있다는 사실과 먼 바다에서 오는 배의 돛 부분이 먼저 보
인다는 것으로부터 지구가 둥글다는 것을 알아냈다.

태양

처음 태어났을 때의 원시 태양은 지금의 태양에 비해 1,000배 정도 밝고 크기도 100배 이상이었습니다. 하지만 그 후 1천만 년 동안 수축되어 지금과 같은 크기가 되었지요. 태양은 가벼운 별이 므로 수명은 약 100억 년이고 지금의 나이는 50억 년 정도입니다.

원시 태양은 질량이 매우 크고 높은 압력으로 인해 온도가 높아 져 태양의 중심에 수소의 원자핵들이 달라붙어 헬륨 원자핵을 만 드는 핵융합 반응이 일어났습니다. 이것이 바로 태양에 빛과 열을 주었지요.

태양은 지금도 핵융합 반응이 활발하게 진행되고 있습니다. 태양 에서는 매초 6억 톤의 수소가 헬륨으로 변하고 있고 헬륨의 재가 고 이면서 태양의 온도는 점점 내려가고 있지요. 그와 동시에 태양은 점 점 커지게 되어 지금부터 40억 년 후에는 붉은 거성이 됩니다. 이때 태양의 온도는 4,000℃로 내려가고 수성과 금성을 삼키게 되지요.

중심의 수소가 다 타면 핵융합이 끝나고 중심핵의 가스 압력이 없어지므로 중력에 의한 수축이 시작되어 백색왜성으로 그 최후 를 맞이하게 됩니다.

과학성적 끌어올리기

태양에 대한 정보

태양의 반지름은 696,000km입니다. 이는 지구 반지름의 109배 정도이지요. 그러므로 태양의 부피는 지구의 130만 배가 넘습니다. 또한 태양의 질량은 지구의 33만 배이고 태양 표면에서의 중력은 지구의 28배가 됩니다.

하지만 태양이 지구보다 작은 것도 있습니다. 지구는 고체로 주로 이루어져 있지만 태양은 기체로 이루어져 있으므로 태양의 밀도는 지구의 4분의 1 정도로 작습니다.

태양의 표면에는 어둡게 보이는 점들이 있습니다. 이것을 태양의 흑점이라고 부르지요. 흑점 중에는 지구보다 큰 것도 있습니다. 흑점을 매일 매일 관찰해 보면 흑점이 왼쪽에서 오른쪽으로 움직인다는 것을 알 수 있습니다. 이것은 바로 태양이 스스로 돌고 있다는 증거입니다. 즉 태양은 서에서 동으로 자전을 하지요. 태양은 25일마다 한 바퀴를 돕니다.

태양의 밝게 빛나는 부분을 광구라고 부릅니다. 광구 속에서는 기체들의 대류가 이루어져 에너지가 광구의 표면으로 전달되어 표면의 온도가 6,000℃에 이르게 해 줍니다. 물론 태양의 내부는 표면보다 온도가 훨씬 높고 압력도 크지요.

별에 관한 사건

별 모양이 이상해요

별은 원래 동그란 공 모양이라는 게 사실일까요?

사건속으로

"들어와."

"우와, 동아리방 생각보다 넓고 좋네요."

"이게 우리 스타서치의 파워지, 하하~!"

"우와, 신기한 거 되게 많네요. 이거 다 직접 찍은 거예요?"

"그럼, 당연하지! 이게 북두칠성이야. 귀엽지?"

"어머나, 정말 북두칠성이네."

별 연구 동호회 스타서치에 새로운 신입생이 들어왔고, 왕추근 씨는 기쁜 마음으로 이것저것 설명해 주었다. 무엇보다도 신입생이 여자라는 사실에 기뻤고, 거기다가 얌전하고 예쁘기까지 해서 또 한 번 기분이 좋았다.

"오늘 예쁘고 귀여운 신입생도 들어왔으니까 환영 파티라도 해야지?"

"와, 정말요?"

그렇게 스타서치 회원들은 새로운 신입생을 환영해 주기 위해서 모두들 호프집에 모였다.

"안녕하세요, 저는 신입생 조신해입니다."

'짝짝짝짝~!'

사람들은 박수를 치며 환호성을 질렀다.

"신입생이니까 원 샷~!"

"어머, 저 술 잘 못 마셔요."

회원들은 신입생이라는 이유로 계속 원 샷을 권했고, 조신해 양은 얼마 못 가서 술에 취해서 비틀대기 시작했다.

"우리 노래방 가자."

"좋지~! 고고싱!!"

사람들은 노래방 가서 신나게 놀았고, 그렇게 시끄러운 와중에도 술에 취한 조신해 양은 소파에 누워 잠을 자고 있었다.

'오리 날다~!'

한참 후 이 노래가 나오자 가만히 누워 있던 조신해 양이 벌떡 일어나더니 마이크를 빼앗아 들었다. 그러고는 혼자서 방방 뛰며 열심히 노래를 부르는 것이었다. 사람들은 얌전하기만 하던 그녀의 주사에 다들 놀랐는데, 노래가 끝나자 설상가상으로 그녀는 눈물을 흘리며 울기 시작했다.

"왜 울어? 울지 마."

"오빠, 그거 알죠? 오리도 날 수 있다고요? 네? 정말 그래요? 흑흑흑~!"

사람들은 엽기적인 그녀의 모습에 약간 당황했지만 잠시 후 그녀는 아무 일도 없었다는 듯 다시 누워 있던 자리로 돌아가 잠을 잤다. 노래방이 끝난 후 그냥 집에 돌아가기 아쉬웠던 회원들은 술을 사서 동아리방에 가기로 했다.

"신해야, 괜찮니? 너 많이 취했으니까 집에 가야 할 것 같아."

"아니, 아니, 아니! 나, 취하지 않았어요. 나도 갈 수 있다고요."

"가긴 어딜 간단 말이니? 그냥 집에 가자. 응?"

"지금 날 뭐로 보고? 이깟 술에 내가 죽을 것 같아요? 오~ 노! 천만의 말씀! 나 안 데리고 가면 여기서 잘 거예요."

갑자기 조신해 양이 바닥에 주저앉아 떼를 쓰기 시작했고, 당황한 스타서치 회원들은 비틀거리는 그녀를 할 수 없이 동아리방으로 데려갔다.

"나, 화장실 좀 갈게요."

조신해 양을 혼자 화장실에 보내기 불안했던 왕추근 씨는 곧 그녀를 뒤따라 화장실로 향했다. 아니나 다를까 그녀는 남자 화장실에 들어가 있었다.

"어머, 남자들이 왜 여자 화장실에 들어오고 난리야? 빨리 나가요, 나가."

한순간에 변태 취급을 받은 남자들은 이상한 여자라고 생각하며 밖으로 나왔고, 왕추근 씨는 밖에서 그녀를 기다렸다. 그런데 갑자기 비명 소리가 들려왔고, 놀란 왕추근 씨는 화장실로 들어갔다.

"무슨 일이야?"

"꺄악! 오빠, 이것 좀 봐요. 우리 학교에 돈이 이렇게 많았나? 손만 대면 저절로 물이 나오는 세면대가 설치됐어요. 언제 설치한 거지? 난 설치하는 거 못 봤는데 하하! 어쨌든 편하고 좋아요."

그녀는 남자 변기에 손을 씻으며 자동으로 물이 나오는 세면대라며 좋아했고, 그런 그녀의 모습에 왕추근 씨는 황당할 뿐이었다. 그렇게 여자에 대한 환상을 깨는 신입생 환영회를 마쳤고, 다음 날 다들 동아리방에 모여서 여러 가지 회의를 하기 시작했다.

"근데, 있잖아요. 별 모양이요. 제가 보기엔 동그란 공 모양이 더 적합한 거 같아요."

어제와는 다른 조신한 그녀는 조근조근 이유를 대 가며 말을 했고, 사람들은 모두들 그녀의 말에 동의를 했다.

"그럼 모든 책에 있는 별 무늬를 동그란 무늬로 바꾸자는 캠페인을 벌여야 할 것 같은데. 우선 천문학회랑 인쇄업자들한테 연락을 해서 앞으로 발행되는 책의 별 모양은 동그란 무늬로 해 달라는 요청문을 보내야겠어."

스타서치 회원들은 천문학회와 인쇄업자들에게 요청문을 보냈지만 그들은 냉담한 반응을 보여 왔다.

"어제, 연락 왔는데 말도 안 된다며 우리들의 요구를 들어줄 수가 없대."

"뭐? 편지 보내는 데 쓴 돈이 얼만데 우리의 의견을 깡그리 무시해?"

"우리가 대학생이라고 만만하게 본 거지 뭐."

"뭐 그런 사람들이 다 있어요?"

화가 난 조신해 양은 직접 천문학회에 찾아가서 학회장을 만났다.

"저기요, 별 모양이 동그란 공 모양으로 바뀌어야 한다고요! 네?"

"글쎄, 그게 말이 된다고 생각해요? 붕어빵은 붕어빵 모양, 국화빵은 국화빵 모양, 별 모양은 별 모양…… 알겠어요?"

"모르겠어요! 진짜 제 말이 맞대도요! 지금 바꾸지 않으면 후대에 후손들에게 비웃음을 살 거라고요!"

"쳇, 뭐 이런 웃긴 여자가 다 있어? 생긴 건 얌전하게 생겨 가지고 고집 한 번 왔다군! 어쨌든 말도 안 되는 헛소리 집어치우고 그만 꺼져 주시오!"

"뭐요? 우리가 대학생이라고 무시하는 모양인데, 네~ 알겠어요. 누가 이기나 한번 해 보자고요. 비웃음을 당할 준비나 하고 있으세요."

　스타서치 동호회를 무시하는 태도에 화가 난 조신해 양은 지구
법정에 별 모양에 대해 의뢰를 하기로 마음을 먹었다.

태양과 지구 등 천체가 둥근 이유는 천체의 중심으로부터 모든 방향에
대해 중력이 작용하기 때문입니다.

**별은 원래 동그란 공 모양이라는 게
사실일까요?**
지구법정에서 알아봅시다.

별 모양이 동그란 공 모양이 되어야 하는 이
유는 무엇일까요? 조신해 양의 주장을 받아들
일 수 있을지 지구법정에서 알아봅시다.

 재판을 시작하겠습니다. 별 모양을 동그랗게 해야 한다고 주
장하는 원고 측의 의견에 대한 재판을 시작하겠습니다. 별 모
양이라면 지금까지 다섯 개의 뾰족한 모양의 그림을 그려 왔
는데 공 모양으로 해야 한다는 원고 측의 주장에 대한 피고
측의 의견을 들어 보겠습니다.

 공은 둥근 모양입니다. 별이 공 모양이라면 왜 우리는 별이
반짝거린다고 말하고 다섯 개의 뾰족한 바늘처럼 표현을 하
는 것입니까? 별이 공 모양으로 표현된다면 앞으로 별은 둥
글고 몽글몽글하다고 표현해야 할 것입니다. 하지만 우리 눈
에는 여전히 별은 빛나게 보이고 있으며 별을 보면서 반짝거
린다고 말할 것입니다.

 지금까지 별을 반짝거린다고 표현해 왔고 또 피고 측에서 별
이 뾰족하게 표현되는 것이 옳다는 반응입니다. 별이 둥글다

고 주장하는 원고 측의 의견을 들어 보겠습니다.

 별은 실제로 공 모양입니다. 별이 공 모양으로 될 수밖에 없
는 이유를 과학공화국 행성연구본부의 나번쩍 박사님을 모셔
서 별의 모양에 대한 말씀을 들어 보도록 하겠습니다.

 증인 요청을 받아들이겠습니다.

번쩍번쩍 빛나는 코트를 입은 40대 후반의 남성이
둥글고 큰 공을 안고 증인석에 앉았다.

 별은 어떻게 생성되었습니까?

 별은 성운이 중력 수축하여 생깁니다. 이때 성간 티끌은 적외
선을 방출하여 성운 내부의 열을 밖으로 빼내 중력 수축을 도
우며 고밀도의 성운 내부에 별들이 태어나고 있어도, 그 주위
에 있는 두꺼운 티끌 층 때문에 가시광선으로 신생 항성을 직
접 볼 수는 없습니다. 그러나 적외선이나 전파로는 원시성의
존재를 추정할 수 있습니다. 벡클린 – 노이게바우어 천체나
클라인만 – 로성운이 원시성의 구체적 예입니다.

 별의 모양은 어떻습니까?

 둥근 공 모양으로 생겼습니다.

 별이 둥근 공 모양으로 생긴 이유가 있습니까?

 태양과 지구 등 천체가 둥근 이유는 항성의 중심에서 끌어당

과학공화국
지구법정 8

기는 중력 때문입니다. 중력은 우리 우주에 작용하는 네 가지 힘 강력, 약력, 전자기력, 중력 중 가장 약한 힘이지만 천체만큼 질량과 밀도가 커지면 엄청난 중력이 작용할 수밖에 없습니다. 중력은 천체의 중심으로부터 모든 방향에 대해 거리에 따라 작용하기 때문에 중심에서부터 표면까지 거리가 일정한 구 모양을 가질 수밖에 없으며 표면까지의 거리가 일정한 구 모양이 되는 것이 가장 좋다고 합니다.

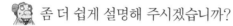 좀 더 쉽게 설명해 주시겠습니까?

지구의 산에서는 끊임없이 돌이 굴러 떨어지죠. 이것도 중력 때문에 그렇습니다. 만약에 모든 산이 깎이면 지구는 완전히 구형이 됩니다. 그러면 더 이상 굴러 떨어질 모래도 돌도 없어지게 되고 지구 표면의 중력이 평형을 이루게 됩니다. 조금 전문적으로 얘기하면 우주 공간에 있는 물질들은 겉 표면을 작게 하려는 성질이 있다고 표현합니다. 질량이 같으면서 표면의 면적이 작은 모양은 구가 직육면체, 정사면체보다 더 작습니다. 별들을 뾰족하게 보인다고 느끼는 것은 대기를 통해 들어오는 빛이 반짝거리게 보이기 때문이며 실제 별들은 둥근 모양입니다. 따라서 별 모양을 구 모양으로 바꾸어야 하는 것입니다.

결과적으로 가장 안정적이고 겉 표면이 작아지려는 성향과 중력의 영향에 의해 별들이 공 모양처럼 둥글게 생기는 것입

니다. 따라서 별이 뾰족하게 그려진 것은 별의 실제 모양과는
많은 차이가 나므로 별을 제대로 그리기 위해서는 둥글게 표
현해야 합니다.

 별의 실제 모양은 둥근 것으로 판단됩니다. 중력의 영향으로
별의 모양이 실제로 둥글다는 사실을 인정하고 천문학회와
인쇄업자는 원고 측의 주장을 받아들여 별의 모양을 둥근 공
모양으로 표현하는 것이 좋겠습니다. 이상으로 재판을 마치
도록 하겠습니다.

재판이 끝난 후, 조신해 양의 말이 맞다는 것이 밝혀지자 천문
학회와 인쇄업자는 조신해 양에게 사과를 했다. 그 사건 이후, 얌
전하지만 똑똑한 조신해 양은 유명해져서 날로 인기가 늘어났다.
그러나 첫날 조신해 양의 엽기적인 모습을 본 왕추근만이 조신해
양의 본 모습을 알고 있다.

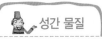 성간 물질

우주 공간에 있는 물질을 별과 별 사이의 물질이라고 하여 성간 물질이라고 부르는데, 성간 물질은
주로 수소 기체인 성간 가스와 우주 먼지들을 말한다. 별은 이런 성간 물질들이 모여서 만들어지며
별을 이루지 못하고 성간 물질들이 분포되어 있으면 성운을 만든다.

깜빡깜빡 별

별이 깜빡거리는 것은 지구에서만 볼 수 있나요?

"점심시간인데 축구 한 판 하러 갈까? 야, 안경
테 너도 갈 거지?"

"아니, 난 과학 경시대회 준비해야 돼."

"그게 준비한다고 뭐가 달라지냐? 꼭 공부 못하는 것들이 저래
요. 그러지 말고 가자."

교실 한쪽 구석에서 촌스러운 뿔테 안경을 끼고 책을 보고 있는
경테에게 반장이 말했다.

"나 축구 못한단 말이야."

"괜찮아, 넌 따로 할 일이 있어."

그렇게 반장의 말에 못 이긴 경태는 운동장으로 나갔다.

"경태, 넌 저기 서서 공 오면 이쪽으로 보내면 돼. 일명 골보이, 알겠냐?"

"알았어."

평소에 얌전하고 조용한 경태를 아이들은 항상 만만하게 봤고, 경태는 어쩔 수 없이 늘 당하는 입장이었다. 그렇게 점심시간이 끝났고 아이들은 교실로 들어갔다. 경태는 책을 가지러 사물함으로 갔는데, 며칠 전에 산 과학 보충수업 교재가 감쪽같이 사라져 버린 걸 발견했다.

"책상 서랍에 있나?"

경태는 책상 서랍을 뒤지기 시작했다.

"경태, 너 뭐해?"

"누가 내 책 훔쳐갔나 봐. 책이 없어."

"그러게 사물함 열쇠를 채워야지. 나도 며칠 전에 국어책 없어졌잖아."

"결국 못 찾았어?"

"당근, 그걸 어떻게 찾겠냐? 그래서 나도 하나 훔쳤지. 흐흐흐~!"

경태는 책을 찾을 수 없었고, 엄마에게 사정을 말할 수밖에 없었다.

"엄마, 나 책 사야 돼."

"무슨 책?"

"과학 보충수업 교재."

"그거 너 며칠 전에 산다고 돈 받아가지 않았어?"

"그렇긴 한데, 누가 내 책 훔쳐 갔더라고."

"뭐? 네 책을 훔쳐가? 어느 녀석이 도대체 그런 짓을 해? 그러게 사물함에 열쇠를 채우지 그랬어? 어휴, 못 살아. 내일 당장 사물함 열쇠 사서 채워, 알겠어?"

"알겠어요."

다음 날 경태는 보충교재와 함께 열쇠를 사서는 사물함에 채웠다.

"이제, 아무도 못 훔쳐가겠지? 짜식들, 다 덤벼. 히히!"

그러던 어느 날 학교에 온 경태는 자신의 사물함 열쇠가 절단되어 있는 것과 동시에 사물함에 넣어 놓은 체육복이 없어진 것을 발견했다. 힘이 빠져 돌아온 경태는 엄마에게 이 사실을 말했다.

"엄마, 나 체육복 없어졌어."

"뭐? 또 네 물건이 없어졌다고? 사물함에 열쇠 안 채웠어?"

"채웠는데 절단기로 끊고 가져갔더라고."

"뭐? 절단기로? 너희 학교 애들은 도대체 왜 그러니?"

"몰라, 완전 도둑놈 소굴이야. 물건 잃어버린 애들이 한둘이 아니야."

"근데, 왜 만날 네 것만 훔쳐가? 웃긴 애들이네, 그것들이! 그러게 평소에 조심했어야지."

"그런 게 아니래도. 절단기로 끊고 훔쳐가는 걸 나보고 어떡하라고?"

"어휴, 네 사물함엔 특수 장치를 달든지 해야지 원. 사 주면 도둑맞고, 사 주면 도둑맞고. 무슨 죽 쒀서 개 주는 것도 아니고 뭐야."

평소에 얌전하고 공부만 하는 경태를 만만하게 본 아이들은 경태의 물건을 싱습직으로 훔쳐갔고, 경태는 고스란히 그 피해를 당하고 있었다. 그런 경태에게 경태의 엄마가 화를 내자, 경태도 기분이 우울해졌고 방 안에 틀어박힌 채 나오질 않았다. 아들에게 미안한 마음이 든 엄마는 경태의 기분을 풀어 줄 깜짝 선물을 준비했다.

"아들, 과학 경시대회 준비 잘하고 있어?"

"……."

"우리 아들 도둑맞은 거 때문에 아직도 우울해하고 있는 거야? 그럴 줄 알고 엄마가 이거 준비했지. 짜짜짠~!"

"뭔데?"

"며칠 전에 '스타 전쟁' 개봉했잖아. 우리 아들 공상과학 영화 좋아하니까 엄마가 특별히 준비했지. 두 장이니까 친구랑 같이 가서 봐. 여자 친구랑 보면 더 좋고~ 알겠지?"

"우리 엄마 최고!"

개봉 전부터 '스타 전쟁'이라는 영화를 보고 싶어 했던 경태는 영화 티켓이 두 장이나 생기자 기쁜 마음이 들긴 했지만, 한편으로는 같이 보러 갈 사람이 없어서 고민이 됐다. 평소에 얌전해서 친구가 없던 경태는 용기를 내서 그나마 가장 친하다고 생각하는 짝지에게 말을 걸었다.

"너, 내일 뭐해?"

"내일 여자 친구랑 놀러 가는데, 왜?"

"아, 그래? 재미있게 놀다 와."

어쩔 수 없이 경태는 혼자서 영화를 보러 갔는데, 마침 여자 친구와 영화를 보러 온 반장과 마주쳤다.

"우와, 우리 반 범생이 경태가 영화를 다 보러 오고 웬일이야? 근데, 설마 혼자 온 거냐?"

"어? 아니야, 친구는 화장실에 갔어. 근데, 너 뭐 보러 왔어?"

"스타 전쟁, 나 먼저 간다."

'된장, 같은 영화잖아.'

경태는 혼자 왔다는 사실에 창피한 나머지 거짓말로 둘러댔고, 반장이 이 사실을 알아챌까 봐 맨 뒷좌석에 혼자 앉아서 영화를 감상하게 됐다. 영화는 경태가 상상했던 것 이상으로 흥미롭고 진지했다. 경태는 곧 영화 속으로 빠져들었다.

한참 후, 우주선을 타고 싸우는 장면이 나왔는데, 유리창에서 별이 깜박이지 않고 한 점으로 보였다. 평소에 과학을 좋아하던 경태는 비과학적이라는 생각이 들었고, 평소의 소심한 모습과는 다르게 180°로 변해 자리에서 벌떡 일어나 소리치기 시작했다.

"여러분, 저 영화는 엉터리예요. 별이 깜박거리지 않는 게 말이 됩니까? 공상과학 영화가 비과학적이라니 엉터리예요, 엉터리."

경태가 소란을 피우자 관계자들이 들어와 경태를 끌어냈고, 경태는 지구법정에 신고를 하겠다며 고래고래 고함을 질렀다.

빛은 출발한 순간부터 꺾이지 않는 '직진성'을 갖고 있어요. 다만
지구에서는 대기의 영향을 받아 별빛이 깜박거리는 것처럼 보인답니다.

별이 깜박거리는 것은 지구에서만
볼 수 있나요?
지구법정에서 알아봅시다.

영화의 내용이 비과학적이라고 생각한 경태
가 화가 났군요. 유리창 너머의 별빛이 깜박거
리는 이유와 경태의 주장이 맞는지 확인해 봅
시다.

 재판을 시작하겠습니다. 공상과학 영화를 보던 학생이 별빛
이 깜박거리지 않는 장면에 대한 불만을 가지고 고소를 했습
니다. 별빛에 대한 변론을 해 주십시오.

 밤하늘의 별을 보면 별빛이 깜박거리는 것을 느낄 수 있습니
다. 보통 우리는 이것을 반짝반짝 빛난다고 표현을 하지요.
공상과학 영화에서는 유리창 너머로 보이는 별빛이 깜박거리
지 않고 한 점으로 보이고 있습니다. 적어도 과학 영화에서는
과학적인 부분을 신중히 생각하여 영화를 제작해야 한다고
봅니다. 그런데 눈으로 별빛을 인식하는 과정을 너무 단순하
게 생각해서 별빛의 반짝임을 한 점으로 표현한 것은 과학 영
화로서 영화 제작을 너무 소홀히 한 것이라고 생각됩니다. 우
리는 이러한 것을 보고 옥의 티라고 하지요. 영화에서 옥의

티가 많은 영화는 차라리 영화를 제작하지 않는 것이 더 나을 것입니다.

 별빛이 반짝거리는 것은 익히 알고 있습니다. 그런데 적지 않은 제작비를 들여서 만든 공상과학 영화에서 별빛이 깜박거리지 않게 표현했다면 그 이유가 있지 않을까 합니다. 별빛이 깜박거리지 않는 타당한 이유라도 있습니까?

 공상과학 영화에서는 영화 이야기가 전개되는 환경이 우주입니다. 우주에서는 별빛이 깜박이지 않습니다.

 우주에서는 별빛이 깜박이지 않는 이유가 무엇인가요?

 별이 깜박거리게 보이는 것은 지구에서만 있는 현상입니다. 물컵에 동전을 넣고 저으면 일그러져 보이는 것처럼 지구의 대기가 장소와 시간에 따라 달라지기 때문에 일어나는 현상입니다. 즉 대기가 흔들리기에 일어나는 현상입니다.

 설명이 조금 어려운데요. 대기가 있으면 별빛이 깜박이게 보인다는 건가요?

 빛은 여러 가지 특징을 가지고 있는데 그중에 '직진성'이라는 성질이 있습니다. 이것은 빛이 출발한 그 순간부터 꺾이지 않는다는 것입니다. 하지만 이 빛이 지구에 도착하면 달라집니다. 빛은 직진으로 달려가고 있다고 할 수 있지만 이 빛이 통과하는 대기가 가만히 있지 않고 흔들리기에 별의 위치가 계속적으로 바뀌면서 반짝거리는 것처럼 보이는 것입니다.

이것은 빛의 굴절이 달라져 대기의 요동 때문에 깜박거리는 것이며 바람 부는 날에는 더 많이 깜박거리는 것을 확인할 수 있습니다.

 우리가 보는 별빛은 직진해 오고 있지만 지구의 대기 때문에 깜박거리는 것처럼 느끼는 거군요.

 별빛이 깜박거리는 정도의 차이는 미미해서 눈으로 보면 반짝거리는 것이라고 느끼지만 천체 망원경으로 보면 정말 엄청난 변화를 느낄 수 있습니다. 배율을 엄청 높여서 토성을 볼 때에도 대기가 막 흔들려서 토성이 물속에 있는 공처럼 흐늘거리는 것 같다고 합니다. 지구에서는 대기의 영향으로 빛을 흔들리게 만들어 별빛이 깜박거리는 것처럼 보이는 거지만 우주 공간에는 대기가 없기 때문에 별빛이 깜박거릴 이유가 없는 것입니다. 공상과학 영화의 배경은 대부분 우주에서 일어나는 일이고 우주에서는 빛이 직진을 하므로 별빛은 한 점으로 표현되는 것이 맞습니다. 따라서 오히려 별빛이 반짝거리지 않도록 한 것을 보면서 영화 제작자들이 영화를 찍을 때 공을 들인 것이 증명되는 것입니다.

 지구는 우주의 내부에 있지만 지구에서 일어나는 일과 우주에서 일어나는 일은 많은 것이 다르군요. 지구에서는 별빛이 깜박거리지만 우주에서는 깜박거리지 않는다는 결론을 얻을 수 있겠군요. 모든 것을 지구에서와 동일하다고 생각하면 안

될 것 같습니다. 이상으로 재판을 마치
도록 하겠습니다.

재판이 끝난 후, 자신이 알고 있던 지식이
잘못되었다는 것을 알게 된 안경테는 더욱더
과학 공부를 열심히 해야겠다고 마음먹었다.

암흑 물질

우주에는 스스로 빛을 내는 별들
만이 있는 것이 아니다. 우리가
밤하늘을 보면 그리 밝지 않다.
그렇게 많은 별들이 있음에도 불
구하고 밤하늘이 밝지 않은 이유
는 우주의 대부분이 진공인 까닭
도 있지만 스스로 빛을 발하지
않아 우리 눈에 보이지 않는 물
체들도 있기 때문이다. 이렇게
눈에 보이지 않는 천체를 암흑
물질이라 한다. 물리학자들은, 실
제로 우리 눈에 밝게 보이는 물
질은 우주 전체 물질 중의 10%
에 지나지 않고 보이지 않는 물
질인 암흑 물질이 90%를 차지하
고 있다고 믿고 있다.

중성자별의 건설 프로젝트

과연 중성자별에 건물을 지을 수 있을까요?

'따르릉~ 따르릉~!'

"너 오늘 면접 보러 간다면서? 면접 잘 보라고 전화 걸었어."

"참, 그게 무슨 전화 걸 일이라고. 어쨌든 고맙다."

"그건 그렇고. 연습은 좀 했냐?"

"연습? 아니."

"너, 면접 처음 보는 거잖아. 연습 안 해도 자신 있다 이거냐?"

"당연하지. 이 형님이 누구니? 그까이꺼 대충~ 하면 되는 거야."

"그까이꺼 대충 하다가 나처럼 백수 된다, 너."

"하하, 얘기가 그렇게 되는 건가? 어쨌든, 면접 끝나면 연락할게."

김어벙 씨는 생전 처음으로 면접이란 걸 보게 됐지만 아무런 생각도 준비도 없이 그저 그렇게 면접장으로 나갔다.

다른 사람들은 면접 들어가기 전까지 가지고 온 각종 자료들을 보며 면접 준비를 하고 있었지만 김어벙 씨는 남의 일이라는 듯 폰을 가지고 게임이나 하며 한가롭게 앉아 있었다.

"다음, 김어벙 씨!"

김어벙 씨는 옷을 추스르고는 면접관이 있는 방으로 들어갔다.

"안녕하십니까?"

면접관이 아무런 말도 하지 않자 김어벙 씨는 뻘쭘한 마음이 들었고, 앞에 의자가 하나 놓여 있는 게 보였다.

'포스가 장난이 아닌데. 저 의자는 앉으라고 있는 건가?'

면접 예의에 관한 사전 지식이 없던 김어벙 씨는 면접관들이 앉으라고 말하기도 전에 그 의자에 덥석 앉아 버렸다.

"김어벙 씨?"

"네, 김어벙입니다."

"몇 개 국어 구사 가능한가요?"

"1개 국어요."

"1개 국어라면⋯⋯?"

"우리나라 말이요. 하하~ 하하~!"

면접실은 한순간 썰렁해졌다.

"그럼, 언제부터 일할 수 있어요?"

"잘 모르겠는데요."

'띠용~ 띠용~!'

김어벙 씨의 첫 번째 면접은 대략 난감하게 끝나고 말았고, 당연히 떨어졌다면서 마음을 접고 있었다. 그러던 어느 날 한 통의 전화가 걸려 왔다.

"여기, 짓고본다 건설회산데요. 김어벙 씨 계십니까?"

"제가 김어벙인데요."

"저번에 면접 보신 거 합격되셨습니다. 내일 당장 회사로 출근하실 수 있으세요?"

"당연하죠."

김어벙 씨는 예상과는 다르게 합격을 했고, 다음 날 회사로 출근했다.

"안녕하세요? 저는 김어벙입니다."

"아, 당신이 이번에 유일하게 합격한 김어벙이군. 요즘 우리 회사는 불황을 맞아 심각한 위기에 처해 있어요. 그만큼 지금 당신의 임무가 막중하다는 거 알고 있겠죠?"

"아, 네."

"내일까지 임무를 주겠소. 우리 회사를 일으킬 수 있는 번쩍이는 아이디어 하나를 생각해 오시오. 회사가 죽느냐 사느냐가 김어벙 씨의 손에 달려 있다고 생각하시면 될 거요."

'一;; 지가 생각하면 될 걸 왜 나한테 시키고 난리야?'

김어벙 씨는 황당한 생각이 들긴 했지만 자신이 유일하게 합격했다는 말에 자신감이 철철 넘쳤고, 처음 받은 임무를 수행하기 위한 사명감에 불타올랐다. 그리고 하룻밤을 꼬박 새워 아이디어를 생각한 후 다음 날 출근을 했다.

"김어벙 씨, 다크서클이 턱 밑까지 내려왔군그래. 그건 그렇고 아이디어 생각해 왔는가?"

"당연하죠. 근데, 그게 좀 황당한 생각일 수도 있는 거라⋯⋯."

"황당한 생각? 우린 그런 걸 원츄해. 그래서 김어벙 씨가 뽑힌 거잖아. 마음 놓고 얘기해 보라고."

"요즘 우주 산업이 각광받고 있잖습니까? 우리도 이 시대의 조류에 발맞춰서 중성자별에 건물을 짓는 프로젝트를 추진해 보는 게 어떻겠습니까?"

"브라보~! 그거 좋은 아이디어야."

"근데, 그게 가능할까요?"

"가능? 우리 짓고본다 건설회사는 무조건 짓고 봐. 그러니까 그런 건 걱정하지 마."

짓고본다 건설 회사에서는 김어벙 씨의 아이디어를 받아들여 정부에 프로젝트를 제안했다. 이 프로젝트를 들은 정부에선 너무 좋은 아이디어라며 당장 받아들였고, 이 사실이 매스컴을 통해서 전국 곳곳에 퍼졌다.

그런데 이 사실을 텔레비전을 통해 알게 된 반대해라는 과학자가 "중성자별에는 절대로 건물을 지을 수 없다"는 주장을 펼치며 정부 청사 앞에서 일인 시위를 벌이기 시작했다. 그래도 정부에선 전혀 반응을 보이지 않았고, 화가 난 반대해 과학자는 삭발 시위를 하기에 이르렀다. 그러나 여전히 정부에서는 반응을 보이지 않았고, 반대해 과학자는 급기야 단식 투쟁에 들어갔다가 쓰러져 병원에 실려 가게 된다.

"여기가 어디야?"

간신히 눈을 뜬 반대해 씨는 눈알을 이리저리 굴리며 침대에 누워 있었다. 그때 텔레비전에서 흘러나오는 소리가 반대해 씨의 귀에 총총 박혀 들었다.

"네, 아홉시 뉴스입니다. 오늘 중성자별에는 절대로 건물을 지을 수 없다며 단식 투쟁을 하던 반대해 과학자가 병원에 실려 가는 일이 벌어졌습니다. 하지만 정부에선 이 사실에 대해선 전혀 신경을 쓰지 않고 무조건 짓고 본다는 철칙으로 일관하며 중성자별에 건물을 짓는 프로젝트를 추진하기로 결정 내렸습니다."

이러한 정부의 결정에 어이가 없어진 반대해 씨는 결국 정부를 상대로 지구법정에 고소를 하기로 마음먹었다.

중성자별의 내부는 초고밀도 상태로 되어 있고 표면의 중력은
지구 표면 중력의 1,000억 배 정도 됩니다.

중성자별에 건물을 지을 수 있을까요?
지구법정에서 알아봅시다.

중성자별에 건물을 짓겠다는 정부의 프로젝트를 반대하는 반대해 씨와 정부 사이에 안정을 찾기 위해 지구법정에서 중성자별에 건물을 지을 수 있는지 없는지 판결을 내려야겠습니다.

 재판을 시작하겠습니다. 중성자별에 건물을 지을 것이라는 정부의 결정에 끝까지 반대하는 원고의 주장을 들어 보고 실제로 중성자별에 건물을 지을 수 있는 것인가에 대한 결론을 내리도록 하겠습니다. 중성자별에 건물을 짓는 결정에 대한 피고 측의 변론을 들어 보도록 하겠습니다.

 요즘 사람들의 성향을 살펴보면 독특하고 특별한 것을 많이 원하고 있습니다. 중성자별에 건물을 짓는다는 것이 지금은 초기 단계이고 중성자별에 대한 특별한 정보가 적은 편이지만 중성자별을 조사하여 건물을 짓는 게 타당한가를 따져서 제대로 된 건물을 세운다면 사람들의 각광을 받게 되어 하나의 도시 국가를 세울 수 있는 대단한 프로젝트입니다. 따라서 한시가 바쁘게 이 프로젝트를 시작해야 합니다.

 중성자별에는 건물을 지을 수 없다는 원고의 주장에 대해서
는 어떻게 생각합니까?

 지금까지 누구도 중성자별에 착륙하여 중성자별을 조사한 사
실이 없습니다. 따라서 원고가 중성자별에 건물을 지을 수 없
다는 것은 타당한 증거가 없이는 받아들일 수 없습니다.

 원고 측은 아직 한 번도 가보지 않은 중성자별에 왜 건물을
지을 수 없다고 주장하는 건가요?

 20년 동안 중성자별을 연구한 나도별 박사님을 모셔서 중성
자별에 대한 설명과 그곳에 건물을 지을 수 있는지에 대한 증
언을 들어 보도록 하겠습니다.

 증인 요청을 받아들이겠습니다.

빙글빙글 돌면서 법정으로 들어선 50대 중반의 남성이
어지러움을 견뎌 내기 위해 머리를 도리도리 흔들고 증
인석에 앉았다.

 중성자별은 어떤 별인가요?

 중성자별은 중성자의 축퇴압이 중력과 균형이 잡혀 있는, 밀
도가 매우 높은 별입니다. 여기서 축퇴압이란 중성자가 서로
접근하면 반발하는 성질이 있는데 이때의 반발하는 힘을 뜻
하며 중성자별은 주로 중성자로 구성된 별로서 질량은 태양

의 질량 정도인 데 반해 반지름은 태양의 약 10만분의 1인 10km밖에 되지 않습니다. 그래서 이 별의 내부는 초고밀도 상태로 되어 있고, 표면의 중력은 지구 표면 중력의 1,000억 배나 됩니다.

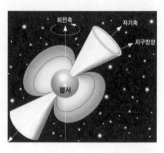

 중성자별은 어떻게 발견되었습니까?

 1960년대에 빠르게 맥동하는 새로운 형의 전파원인 펄서가 관측되었고 이것이 중성자별로 판명된 것입니다. 중성자별의 이론은 이미 1930년대에 란다우와 오펜하이머에 의해 제창되었는데 1950년대와 60년대에 들어서면서 천문학자들은 다양한 전파를 이용한 관측을 하면서 매우 빠르게 강도가 변하는 전파를 관측하게 되었습니다. 이 중 하나가 휴이시가 발견한 펄서였습니다.

 펄스(전파)를 통해 중성자별에서 알아낸 정보는 무엇인가요?

 중성자별에서 펄스를 그렇게 빠르게 주기적으로 내보내려면, 어마어마하게 질량이 무거워야 하며, 매 초마다 한 번의 펄스를 내보내려면 매우 빠르게 회전해야 합니다. 보통 별들도 충분히 질량이 나가기는 하지만 그토록 빠르게 회전하기에는 너무 크며 만일 그렇게 돌다간 갈기갈기 찢겨 날아가 버릴 것입니다. 펄서의 생성 당시 초신성 폭발과 함께 별의 반지름과는 비교할 수 없을 정도로 작아집니다. 그러나 별의 각운동량은 변하지 않으므로, 중성자별은 1초에 수백 번 정도의 매우 빠른 속도로 회전하게 됩니다. 천문학자들은 펄서가 중성자별이어야만 한다고 결론지었습니다.

 왜 펄서가 중성자별이라고 단정할 수 있지요?

 중성자별은 아주 빠르게 자전하면서 X선이라는 전파를 방출하지요. 전파는 아주 짧은 시간 동안 왔다 안 왔다 하지요. 즉, 중성자별이 주기가 짧은 펄스를 내기 때문에 그것이 펄서와 같은 성질을 가졌으므로 '펄서＝중성자별'이라고 생각하는 거죠.

 왜 중성자별(펄서)이 규칙적인 X선을 방출하죠?

 그것은 중성자별이 아주 빠르게 자전하기 때문입니다. 중성자별의 북극과 남극 방향으로 X선이 방출되는데 중성자별이 아주 빠르게 자전하니까 우리에게 X선이 짧은 순간 관측되었다가 다시 관측이 되지 않았다 하는 일이 생기는 것이에요. 등댓불이 회전하니까 우리에게는 깜박거리는 것으로 보이는 것과 같은 이치이지요.

 원고는 중성자별에 건물을 짓겠다는 정부의 주장에 대해 거세게 반발하고 있는데 정말 중성자별에 건물을 지을 수 없습니까?

 중성자별에 건물을 못 짓는 것은 물론 어느 누구도 중성자별에 착륙을 할 수 없습니다.

그렇습니까? 중성자별에 건물을 지을 수 없다고 주장하는 근거는 무엇인가요?

앞에서 말씀드린 것을 정리하면 쉽게 이해할 수 있습니다. 중성자별은 태양의 질량 정도에 반지름이 태양의 10만분의 1인 10km밖에 되지 않아 초고밀도 상태로 되어 있습니다. 따라서 표면의 중력은 지구 표면 중력의 1,000억 배나 되어 엄청난 중력을 가지고 있는 상태에 자전 속도는 매 초당 수백 번 정도의 빠르기로 도는 별이므로 건물을 짓기는커녕 중성자별에 착륙하는 것 자체가 죽음의 길로 진입하는 모험을 감수해야 할 것입니다. 기술의 발달로 착륙에 성공한다 하더라도 한 걸음도 걷지 못할 정도의 중력에 엄청난 빠르기의 자전을 견뎌 내고 살아갈 수 없을 것입니다. 게다가 한 번 중성자별에 착륙하면 엄청난 중력을 견디고 중성자별에서 탈출하는 것도 불가능할 것입니다. 중성자별에 건물을 짓는 것을 시도하는 것 자체가 어리석다고 볼 수 있습니다.

중성자별의 대단한 파워를 설명으로만 들어도 겁이 날 정도입니다. 중성자별에 건물을 짓는다는 말에 중성자별에 대해 이미 알고 있었던 원고가 거세게 반발하는 것은 당연한 것이었습니다. 중성자별에 건물을 짓겠다는 정부의 프로젝트를 진행하지 못하도록 막아야 합니다.

 중성자의 힘이 얼마나 대단한가를 알 수 있었습니다. 중성자별의 이 같은 정보를 알게 된 이상 중성자별에 건물을 짓는 계획을 계속 추진할 수는 없습니다. 중성자별에 도착하기도 전에 대형 참사를 일으킬 것이며 아무리 대단하고 멋있는 별이라 할지라도 중성자별과 같은 중력과 자전 속도를 견뎌 낼 수 있는 사람은 없으며 중성자별로 향해 나아간다는 것은 인간에게는 빠져나올 수 없는 죽음의 구렁텅이로 나아가는 것이 될 것입니다. 따라서 중성자별에 건물을 짓는 프로젝트는 그만두어야 합니다. 이상으로 재판을 마치겠습니다.

재판이 끝난 후, 결국 중성자별에 건물을 짓는 프로젝트가 중단되자 김어벙 씨는 해고를 당할까 겁났다. 하지만 짓고본다 건설 회사에서는 김어벙 씨를 한 번만 용서하기로 하고 대신 새로운 아이디어를 만들어 오라고 했다. 그 후 며칠 동안 아이디어를 생각해 내느라 한동안 김어벙 씨는 다크써클에 절어 있었다.

 펄서 발견

1967년 케임브리지 대학의 휴이시 그룹은 규칙적인 펄스를 내는 천체를 발견했다. 휴이시 그룹은 처음에는 이 규칙적인 펄스가 외계인이 보내온 전파라고 생각했지만 나중에 이 펄스를 내는 천체(펄서)의 정체가 중성자별임을 알게 되었다.

외계인의 신호

중성자별이 내놓는 신호인 펄스란 무엇일까요?

사건속으로

"야, 정주리! 이게 얼마만이야?"

"네? 누구……세요?"

"나야 나, 네 친구 숙자."

"뭐? 못난이 노숙자? 네가 정말 노숙자란 말이야?"

주리는 숙자의 몰라보게 예뻐진 얼굴에 놀란 나머지 소리를 쳤다.

"그래, 그러니까 이름 그만 좀 불러. 사람들 많은데 부끄럽게!"

숙자는 2년 전 유학을 갔고, 며칠 전 다시 귀국을 하게 됐다. 귀
국한 기념으로 주리와 숙자가 만나게 됐는데, 숙자의 얼굴은 몰라
보게 달라져 있었다.

"너 얼굴 도대체 어떻게 된 거야? 완전 얼굴에 돈을 덕지덕지 발랐네, 발랐어."

"어때? 예전의 노숙자가 아니지?"

"쳇, 너 공부하러 간다더니 그거 다 거짓말이었지?"

"어유~! 부끄러우니까 그만 얘기해. 근데, 너 이번에 전파 천문대에서 일하게 됐다고?"

"응, 그렇게 됐어."

"진짜 잘됐다. 너 거기서 일하고 싶어 했잖아. 거기서 일하면 돈도 많이 벌고 좋겠다."

"나도 이참에 얼굴에 돈 좀 써 봐?"

"그건 그렇고, 언제 한 번씩 나올 수 있는 거야?"

"일주일에 한 번씩."

"뭐? 일주일? 완전 속세랑 떨어져서 도 닦는 거야, 뭐야? 나무아미타불 관세음보살."

"괜찮아, 내가 하고 싶었던 일인데 그 정도는 참아야지. 넌 조교로 일한다고?"

"응. 이번에 돈 벌면 입술에 보톡스도 좀 맞아야겠어. 요즘엔 졸리 입술이 유행이잖아."

오랜만에 만난 주리와 숙자는 한참 수다를 떨었고, 밤늦게 헤어졌다. 다음 날 주리는 짐을 싸서 전파 천문대로 향했다. 전파 천문대에는 영화에서나 나올 법한 최신식 기계들이 다 갖춰져 있었고,

주리는 그런 기계들을 보느라 정신이 나갈 지경이었다. 전파 천문대 한쪽 구석에는 침대와 텔레비전이 놓여 있었고, 컴퓨터와 러닝머신도 있었다.

"맘에 드는데!"

주리는 들뜬 마음에 한숨도 자지 않고 기계 앞에 붙어서 전파가 오기만을 기다리고 있었다. 그렇게 하루가 가고 또 하루가 갔지만 전파는 전혀 오지 않았다. 그렇게 며칠이 흐르자 들떴던 마음도 조금씩 사라지기 시작했다.

"아, 심심해. 텔레비전이나 볼까?"

주리는 점점 지루해지기 시작하자 대부분의 시간을 텔레비전을 보는 데 썼다. 그러던 어느 날 주리가 화장실에서 볼일을 보고 있는데 밖에서 전화벨 소리가 들렸다.

'따르릉~ 따르릉~ 따르릉~!'

"어머, 누구지?"

오랜만에 듣는 전화벨 소리에 반가움을 느낀 주리는 혹시 전화가 끊기지나 않을까 하는 조바심이 들었다.

"이놈의 변비, 먹은 게 없으니 나오질 않네. 안 되겠다. 대충 끊고 나가야겠다."

그렇게 허둥지둥 나온 주리는 전화가 있는 쪽으로 뛰어가 수화기를 들었다.

"여보세요? 누구세요?"

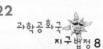
과학공화국
지구법정 8

"주리야, 나야. 숙자."

설레는 맘으로 전화를 받은 주리는 숙자라는 말에 약간의 실망감이 들었지만, 자신을 잊지 않고 전화해 준 숙자에게 고마운 마음이 들었다.

"어쩐 일이야?"

"어쩐 일이긴, 네 걱정이 돼서 전화했지. 너 내일 나오지?"

"응. 내일 나가."

"그럼 내일 내 남자 친구 소개시켜 줄게. 나와."

다음 날 주리는 숙자와 숙자의 남자 친구를 만나러 약속 장소로 나갔다.

"주리야, 여기야."

예상과는 달리 숙자의 남자 친구는 연예인 뺨칠 정도로 잘생긴 꽃미남이었다.

"오빠, 내 친구 주리야! 인사해."

"안녕하세요?"

"네, 안녕하세요?"

그때 숙자는 실수로 물을 쏟았고, 숙자의 남자 친구 옷이 젖었다.

"어머, 자기 괜찮아? 숙자 때문에 많이 놀랐지? 미안해!"

"괜찮아."

숙자는 있는 애교 없는 애교 모두 동원해서 닭살 커플의 완결판을 찍기 시작했다.

잠시 후 음식이 나왔고, 숙자는 굳이 음식을 남자 친구에게 먹여 줬다.

"자기, 아~ 해 봐. 어때? 우리 숙자가 주니까 더 맛있지?"

"응, 맛있네."

그렇게 자신을 불러놓고 애정 행각을 벌이는 숙자가 얄미웠고, 주리는 전파 천문대에 돌아와서도 화가 가라앉지 않았다. 그리고는 혼자서 좁은 공간에서 생활하는 자신의 처지가 애처롭게 느껴지기 시작했다.

"그래, 나도 남자 친구가 있는 것처럼 하는 거야."

주리는 그 시간부터 일인이역을 하기 시작했다.

"자기 살이 너무 쪘어, 운동 좀 해야겠어."

"어머, 정말? 나 러닝머신 뛸 테니까 자기는 옆에서 구경하고 있어."

주리는 밥을 먹을 때도 옆에 누군가 있는 것처럼 말을 하면서 밥을 먹었다.

"자기, 편식하면 안 돼. 그러니까 변비에 걸리지."

"나 생각해 주는 사람은 자기밖에 없다니깐."

그때 갑자기 외계에서 전파가 오는 소리가 들렸고 놀란 주리는 기계 앞으로 뛰어갔다.

'띠리…… 띠리…… 띠리……!'

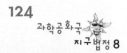

"이건 분명히 외계인이 보내는 신호가 틀림없어. 자기, 자기도 들었지?"

"그럼, 나도 귀가 있는데 당연히 들었지."

주리는 당장 전 세계에 외계인의 신호를 들었다는 메일을 보냈고, 이 사실은 전 세계적인 화제가 되었다. 이에 반발해 천문학자 김별똥 씨는 말도 안 된다며 공식적으로 비난을 하며 나섰다.

"아홉시 뉴스입니다. 전파 천문대에서 일하고 있는 정주리 씨가 외계의 신호를 들었다고 전 세계에 메일을 보내 화제가 되고 있는데요, 저명한 천문학자 김별똥 씨는 말도 안 되는 헛소리라며 정주리 씨를 지구법정에 신고하겠다고 밝혔습니다."

중성자별이 내놓는 신호를 펄스라고 합니다. 중성자별은 중성자의 축퇴압이 중력과 균형이 잡혀 있는 초고밀도의 별을 말합니다.

중성자별이 내놓는 신호인 펄스란 무엇일까요?

지구법정에서 알아봅시다.

정주리 씨가 들은 신호가 정말 외계의 신호일까요? 김별똥 씨는 말도 안 되는 헛소리라고 하는데 정주리 씨와 김별똥 씨의 법정을 지켜 봐야겠습니다.

 재판을 시작하겠습니다. 외계의 신호가 잡혔다고 하는데 어떻게 된 일이죠? 정말 외계의 신호라고 할 수 있습니까?

 피고가 받은 신호는 외계의 신호입니다. 피고는 전파를 받아 기록하는 일을 하고 있는데 외계에서 오는 '띠리~ 띠리~ 띠리' 라는 주기적인 소리는 분명 외계의 신호임에 틀림없습니다.

 외계에서 오는 신호라고 할 증거가 있습니까?

 인간의 말이라면 영어든, 불어든, 한국어든 언어를 사용하지 않았겠습니까? 하지만 외계에서 온 신호는 언어라기보다 주기적으로 보내는 음성이었습니다. 따라서 외계에서 오는 신호라는 결론을 얻었습니다.

 지구 밖에서 오는 신호라고 모두 외계의 신호라고 단정 짓는 것은 굉장히 위험한 결론입니다. 피고가 받은 신호는 절대 외계의 신호가 아닙니다.

 외계의 신호가 아니면 누가 보낸 신호입니까?

 그것은 일종의 펄스로서 중성자별이 주기적으로 보내는 신호입니다.

 중성자별이 보내는 신호라고요? 신호는 어떻게 만들어져 오는 것입니까?

 중성자별에 대한 설명과 신호를 보내게 되는 원리에 대해 설명해 주실 분을 모셨습니다. 별사랑학회의 반짝기 회장님을 증인으로 요청합니다.

 증인 요청을 받아들이겠습니다.

반짝거리는 반짝이 옷을 한 벌로 차려 입은 50대 후반의 남성이 별자리 그림이 그려진 구두를 신고 법정에 여유롭게 걸어 들어왔다.

 피고가 받은 우주의 신호는 어떤 신호입니까?

 외계에서 보냈다고 하는 그 신호는 중성자별이 내보내는 신호입니다.

 중성자별은 어떤 별입니까?

 중성자의 축퇴압이 중력과 균형이 잡혀 있는 초고밀도의 별

을 말하며 이론적으로는 태양의 몇 배 정도의 질량이 지름 수십km의 구로 되어 있습니다.

 중성자별에서 어떤 신호를 내놓으며 그 신호는 어떻게 만들어지는 건가요?

 중성자별이 내놓는 신호를 펄스라고 합니다. 1967년 천문학자 조셀린 벨과 앤터니 휴이시는 전파 망원경을 이용해 처음 펄서(천체)를 발견했습니다. 이 발견은 허블의 우주 팽창 발견과 함께 20세기 천문학상의 최대 성과 중의 하나입니다. 펄서는, 빠르게 자전하면서 규칙적으로 강한 전파를 방출하는 중성자별에서 나오는 것입니다. 이러한 중성자별은 초신성이라고 하는, 격렬하게 폭발하는 별의 중심핵이 안쪽으로 붕괴하여 압축될 때 만들어지며 벨과 휴이시의 발견 이후 300개 이상의 펄서가 관측되었습니다.

 펄서는 어떤 특징을 가지고 있습니까?

 전파 펄서의 자전 주기를 주의 깊게 측정해 보면 펄서의 주기가 아주 점진적으로 느려지는 것을 알 수 있습니다. 펄서의 현재 주기와 이 느려지는 비율의 평균값과의 비를 통해 펄서의 나이를 계산할 수 있는데, 이 나이는 다른 방법으로 측정한 나이와 일치합니다. 또한 펄서 관측에서는 상대성 이론을 지지하는 결과도 나왔는데 1974년 미국의 테일러와 헐스는 보이지 않는 동반성과 쌍성을 이루는 펄서를 관측했습니다.

이 두 별은 가까운 거리에서 초속 약 300km의 속도로 8시간 마다 서로 공전하는데, 여기서 방출되는 중력파는 에너지를 빼앗아 달아나기 때문에 두 별이 점점 접근하여 공전 주기가 짧아집니다. 관측 결과는 공전 주기가 매년 약 1만분의 1초씩 짧아진다는 것을 보여 주었고, 이는 상대성 이론의 예측과 일치했습니다.

중성자별에서 나오는 펄스를 통해 많은 정보를 얻을 수 있군요. 피고 측의 펄스가 외계의 신호라는 주장은 황당한 주장이며 피고가 받은 펄스는 중성자별의 중심핵이 안쪽으로 붕괴하여 압축될 때 만들어지는 것이라는 결론입니다. 따라서 피고는 전 세계에 보낸 메일에 대한 사과문을 다시 발송할 것을 요구합니다.

피고는 일을 처리할 때 자세히 알아보지 않고 혼자의 생각으로 결론을 내리는 위험한 행동을 함으로써 이런 실수를 한 것에 대해 반성을 해야 할 것입니다. 지구 외부의 신호는 외계의 신호가 아니라 중성자별에서 나오는 규칙적인 신호라고 판단됩니다. 따라서 피고는 전 세계에 보낸 메일에 대해 사과문을 써서 다시 같은 곳에 메일을 보내야 할 것입니다. 이상으로 재판을 마치도록 하겠습니다.

재판이 끝난 후 주리는 전 세계에 보낸 메일에 대한 사과문을

작성해 다시 보냈다. 그 후 낙담해하는 주리에게 숙자는 소개팅을
주선해 주었고, 남자 친구가 생긴 주리는 더 이상 외로워하지 않
고 일도 사랑도 열심히 했다.

SETI 계획

지구 이외의 행성에 외계인이 산다면, 우리는 전파를 통해 교신을 할 수 있는데 이렇게 외계의 전파
를 조사하여 외계인을 찾아보려는 계획을 SETI 계획(Search for Extra Terrestrial Intelligence)이라고 하
는데 지능이 있는 외계 생명체를 찾는 계획이다.

별이 죽는데 왜 신성이야?

별의 죽음을 왜 초신성이라 부를까요?
초신성에 얽힌 재미있는 이야기를 들어 볼까요?

사건속으로

"엄마야~! 당신 여기서 뭐하슈?"

한밤중 장독대 위에 꿈쩍도 하지 않고 앉아 있는
할아버지를 발견한 할머니는 너무 놀라서 뒤로 넘
어질 뻔했지만 할아버지는 꿈쩍도 하지 않았다.

"당신 내 말 안 들리슈? 저 영감탱이가 나이를 먹더니 귀도 먹
었나? 왜 저래, 갑자기."

할머니는 혼자서 구시렁댔지만 할아버지는 여전히 꿈쩍도 하지
않았다. 한참 후 할아버지가 방으로 들어왔고 할머니가 물었다.

"당신 아까 그게 뭐하는 시츄에이션이슈?"

"보면 몰라? 도 닦고 있었잖아."

"뭐? 도를 닦는다고? 이 양반이 죽을 때가 됐나, 안 하던 짓을 다 하고. 죽어서 신선이라도 되겠구려. 좋겠다, 누구는."

할머니는 갑자기 하지 않던 도를 닦는다는 할아버지를 놀렸다.

'와장창창창~!'

그러던 어느 날 밤 밖에서 뭔가가 깨지는 소리가 들렸고, 놀란 할머니가 밖으로 뛰어 나갔다. 할아버지가 앉아 있던 장독대가 그만 깨져 버렸고, 된장독 속에 할아버지가 푹 파묻혀 버렸다.

"어이구, 못살아. 신발도 안 닦던 양반이 도 닦는다고 난리를 치더니 내가 이럴 줄 알았어."

할아버지는 된장이 묻은 몸을 씻고 또 씻었지만 냄새는 쉽게 없어지지 않았고, 할아버지가 방으로 들어오자 된장 냄새가 방 안 가득 퍼졌다.

"어휴, 냄새!"

"냄새 많이 나?"

"코가 있으면 맡아 보슈, 코가 마비될 지경이야."

"구수하고 좋지 뭐."

"구수하긴, 그건 그렇고 앞으로 한 번만 더 도 닦는다고 난리 치기만 해 봐. 그땐 정말 똥을 발라 버릴 테니."

아까운 장독대와 된장을 다 날려 버린 할머니는 할아버지에게 더 이상 도를 닦지 말라고 닦달했고, 할아버지는 할 수 없이 밤마다 뒷산에 도를 닦으러 나가게 되었다.

'뻐국~ 뻐국~!'

"밤이라 그런지, 왠지 으스스한 게 무섭긴 하네."

할아버지는 약간 무서운 생각이 들었고, 더 깊은 산에는 들어가지 못한 채 큰 바위를 발견하고는 그 위에 앉아서 도를 닦기 시작했다. 그 이후로 할아버지는 항상 그 큰 바위에 앉아서 도를 닦게 되었다.

그러던 어느 날 여느 때와 마찬가지로 큰 바위에 앉은 할아버지는 뭔가 푹신한 느낌이 들었다. 이를 신경 쓰지 않고 도를 다 닦은 할아버지는 집에 가기 위해 일어섰는데, 뭔가 끈적끈적한 느낌이 들었고 그때서야 그것이 똥이라는 사실을 알게 됐다.

"누가 여기다가 똥을 싼 거야?"

할아버지는 할 수 없이 그대로 집으로 올 수밖에 없었다.

집으로 가자마자 목욕탕에 들어가 씻었지만, 너무 오랫동안 앉아 있은 터라 냄새는 밸 대로 배여 쉽게 없어지지 않았다.

"킁킁~ 이게 무슨 냄새야? 당신, 똥 쌌수?"

"아니야"

"아니긴. ♪♪향긋한 똥 냄새가 실바람 타고 솔솔~♬♪ 하는데. 나이 든 양반이 똥이나 싸고 다니고 잘~한다."

다음 날부터 할아버지는 똥 밟아서 재수가 없다며 다른 바위 위로 장소를 옮겨서 도를 닦기 시작했다.

"이게 뭐지? 이거 망원경 아니야? 어디 보자."

우연히 새로 옮긴 바위에서 망원경을 주운 할아버지는 그 망원경으로 하늘을 보게 됐는데, 시골인데다 산속의 높은 바위 위에서 보는 밤하늘은 이루 말할 수 없을 정도로 신비하고 아름답게 느껴졌다. 여기에 매력을 느낀 할아버지는 매일 도를 닦고 난 후, 밤하늘의 별을 보는 취미가 생겼다. 그러던 어느 날 망원경으로 밤하늘을 보고 있던 할아버지는 우연히 별이 폭발하는 장면을 관찰하게 되었다.

"할망구, 내가 오늘 뭘 봤는지 알아?"

"도대체 뭘 봤기에 이렇게 호들갑이래? 도 닦다가 귀신이라도 봤슈?"

"그게 아니야."

"그게 아니면, 도 닦다가 신선이라도 만났슈?"

"아휴, 그게 아니래도. 망원경으로 별이 폭발하는 장면을 목격했어."

"뭐? 별이 폭발하는 걸 봤다고? 이젠 신선도 모자라서 천문학자 자리까지 넘보슈? 완전 할배 만능 엔터테이너가 따로 없네, 따로 없어."

할머니는 또 할아버지를 놀렸다. 다음 날 신문을 보던 할아버지는 어젯밤 초신성이 관측되었다는 기사가 사진과 함께 실려 있는 것을 보았다.

"할망구, 할망구! 여기 봐. 내가 어제 말한 게 이거야. 여기 기사 났네."

"어디 보자. 당신은 별이 폭발하는 걸 봤다면서? 여긴 초신성이 관측되었다고 기사가 났는데, 다른 거 아니슈?"

"앗, 그러네. 별이 죽은 건데 웬 신성이래? 이름이 틀렸구먼."

할아버지는 명칭이 잘못됐다고 생각했고, 신문사에 항의 전화를 걸었다.

"여보슈? 조신성이 관측되었다는 기사 봤는데, 별이 죽은 건데 웬 신성 얘기가 나오는 거슈?"

"할아버지, 그거나 그거나 비슷한 얘기예요."

"뭐? 잘 알지도 못하고 기사를 써 놓고는 비슷한 거라고? 지금 내가 늙었다고 무시하는 거지?"

"무시한다니요, 절대 그런 게 아니에요. 전 똑바로 기사를 냈다 이 말입니다."

"이래 뵈도, 나 우리 할망구가 만능 엔터테이너라고 공식적으로 인정해 준 사람이라고. 그러니까 무시할 생각 말고, 정정 기사 내도록 해."

"아니, 할아버지! 정정할 게 없대도 그러시네요? 전 똑바로 기사를 썼다고요."

"젊은 사람이 어른이 말하면 받아들일 줄도 알아야지. 계속 그렇게 우기면 못 써."

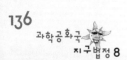

"우기다니요? 할아버지라고 봐 드렸는데, 너무하시네요. 전 정정할 수 없습니다."

"뭐? 정정할 수 없다고? 좋아, 젊은 사람이 계속 우기는데 지구 법정에 고소해서 내 말이 맞다는 걸 보여 주겠어."

초신성이 폭발하면 처음 몇 주 동안은 은하를 구성하는 약 10억 개 별들의 밝기를 모두 합한 것과 맞먹을 정도로 밝답니다.

별의 죽음을 왜 초신성이라 부를까요?
지구법정에서 알아봅시다.

여기는 지구법정

별이 폭발한 것을 초신성이라고 보도한 기사를 보고 할아버지가 이름이 틀렸다고 이의를 제기했습니다. 별의 죽음을 초신성이라고 하는 이유는 무엇일까요?

 재판을 시작하겠습니다. 별이 폭발하여 죽음을 맞이하는 것에 대한 용어는 어떤 것이 좋을지 알아보겠습니다. 먼저 원고 측 변론을 시작하십시오.

 별은 탄생 후 오랜 세월이 지나면 점점 늙어 결국엔 폭발하면서 죽게 됩니다. 그런데 폭발하여 죽는 별에 초신성이라는 이름은 어울리지 않는 이름입니다. 용어를 제대로 써야 할 것 같은데 절대로 용어를 정정할 의사가 없다고 하는 피고 측을 이해할 수 없습니다. 용어 정정을 해야 한다고 강력히 주장하는 바입니다.

 용어의 중요성이 어느 정도 큰지 몰라도 양측 모두 용어 정정을 하지 않으려고 하는 것 같군요. 그렇다면 폭발하는 별의 이름을 초신성이라고 하는 이유는 무엇일지 들어 보도록 하겠습니다.

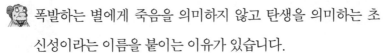 폭발하는 별에게 죽음을 의미하지 않고 탄생을 의미하는 초신성이라는 이름을 붙이는 이유가 있습니다.

별이 폭발하는 데 죽음이 아닌 탄생을 의미하는 이름을 붙이는 이유는 무엇입니까?

초신성이라고 이름을 붙이는 이유는 무엇이며 초신성은 어떤 별인지 알아보도록 하겠습니다. 우주별학회의 한반짝 연구위원장님을 증인으로 요청합니다.

증인 요청을 받아들이겠습니다.

반짝이 옷을 한 벌로 차려 입은 50대 초반의 여성이 별 모양 핀을 머리에 꽂고 증인석에 사뿐히 걸어 들어왔다.

별들의 이름에는 각각 그 의미가 있는 것으로 압니다. 별이 폭발하여 죽을 때 초신성이라고 이름을 붙여 주는 이유가 있습니까?

초신성이라는 이름은 마치 새로운 별이 생겼다가 사라지는 것처럼 보이기 때문에 지어진 이름입니다. 초신성은 그 자신의 죽음으로 모든 의미가 소멸되는 것이 아니고 새로운 별 생성의 중요한 의미를 담당하고 있습니다. 초신성의 생성 비율이 각 은하 형성 초기에 어느 정도였는지에 따라 그 은하의

중원소 형성의 비율을 유추해 낼 수도 있습니다. 이와 같은 문제들은 천문학적으로 대단히 많은 의미를 시사하며, 단순한 의미만을 부각시켜 본다면 우주의 생성 초기로부터 현재에 이르기까지 우주의 중원소량을 증가시킨 역할을 한 것이 초신성의 폭발이었다 할 수 있습니다. 따라서 별의 일생 가운데 갑작스런 죽음의 단계를 일컫는 초신성은 별의 형성, 은하의 형성, 더 나아가 우주 형성 과정의 실마리를 제공하는 '탄생의 비밀', '진화의 비밀'을 간직하고 있습니다.

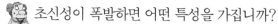 초신성이 폭발하면 어떤 특성을 가집니까?

초신성이 폭발한 후 처음 몇 주 동안은 은하를 구성하는 약 10억 개 별들의 밝기를 모두 합한 것과 맞먹는 정도로 밝은데 실제로 우리가 가시광선의 영역에서 보는 초신성 에너지는 전체 에너지의 1%에 불과합니다. 초신성에서는 중성미자라는 입자가 엄청나게 많이 쏟아져 나오는데 초신성 대부분의 에너지는 중성미자의 에너지이기 때문이지요.

중성미자가 뭐죠?

중성미자는 영어로는 뉴트리노라고 하는 입자입니다. 이 입자는 전자보다도 훨씬 가볍고 물질을 잘 관통하는 능력을 가집니다. 우주 공간에서는 빛 알갱이 다음으로 많은 입자가 바로 중성미자이지요.

그렇다면 초신성은 어떤 별이며 무엇을 알 수 있습니까?

초신성의 중심에는 중성자별이나 블랙홀이 형성되는 것으로 알려져 있으며, 우주선의 주요 발생원이기도 합니다. 초신성 폭발은 폭발 전 별 내부에서 핵융합 반응에 의해 만들어졌던 중원소들과 폭발 시 중성자의 포획 과정으로부터 만들어지는 중원소들을 성간 가스의 형태로 우주 공간에 분산시킵니다. 이러한 성간 가스들은 우주 공간 속에서 새로운 별의 형성원이 되며 초신성은 절대 등급이 아주 밝기 때문에 은하들의 거리 측정의 기준으로 사용됩니다.

 초신성의 관측으로부터 변화된 발전적인 것이 있습니까?

 초신성의 관측은 천문학에서 가장 문제가 되고 있는 중원소의 형성, 별의 탄생과 진화에 대한 검증, 그리고 외부 은하들의 우주론적 거리 결정 문제 등 여러 분야에 걸쳐 공헌하는 바가 큽니다. 즉, 초신성 분류의 정밀도가 높아질수록 그것을 기준 삼아 결정되는 거리의 신뢰성이 높아지고, 중원소들의 형성에 관한 기원을 더욱 정확하게 이해할 수 있기 때문입니다.

 초신성의 폭발은 별의 죽음을 의미하기보다는 별의 탄생과 많은 정보를 제공해 주는 역할을 하는 것입니다. 따라서 초신성을 단지 죽은 별이라고 취급할 수 없으므로 초신성이라는 이름을 바꾸는 것을 인정할 수 없습니다. 초신성이라는 이름을 계속 유지할 것을 주장합니다.

 초신성이 가지는 의미가 정말 대단하다는 것을 알 수 있었습니다. 폭발을 하여 죽은 별이라고 볼 수 없으며 별의 탄생과 은하의 형성에 대해 의미하는 바가 아주 크다고 판단됩니다. 따라서 초신성의 이름은 그대로 두는 것이 옳다고 판단됩니다. 이상으로 재판을 마치도록 하겠습니다.

재판이 끝난 후, 할아버지는 제대로 알지도 못하고 쓸데없는 짓을 했다며 할머니에게 핀잔을 들었다. 그래도 할아버지는 꿋꿋이 나름대로의 도를 닦고 계신다.

 초신성

1930년대 즈위키가 초신성이라는 용어를 처음으로 정의한 이후, 체계적인 연구가 진행되었으며, 최근에는 1년에 20여 개 이상의 초신성이 외부 은하에서 발견되고 있다.

블랙홀을 봤다고?

빛까지 흡수하는 블랙홀을 실제로 눈으로 볼 수 있을까요?

"오늘 애들 되게 많이 안 왔다."

"그러게, 1교시에다가 오늘은 한 시간뿐이니까 애들이 작정하고 안 온 거 같은데?"

"안 그래도 인원 얼마 안 되는데, 더 없으니까 완전 티 많이 난다."

잠시 후, 백발의 노인이 한 손에 책을 가득 안은 채 강의실로 들어왔다. 학생들이 거의 열 명이나 빠져서 강의실이 휑하게 비어 보였지만, 교수님은 그걸 아는지 모르는지 출석도 부르지 않고 수업을 시작했다.

"누구냐? 오늘 발표할 사람. 나와서 해 봐라."

교수님의 독특한 말투에 아이들은 모두 미소를 짓고 있었다. 노교수지만 여전히 연구와 강의에 대한 열정은 변함없이 철철 넘쳤고, 수업도 항상 정해진 시간을 초과해서 마치기 일쑤였다.

"보자, 인원수 한번 세어 보자."

강의실은 수업을 마쳐 어수선한 분위기였고, 교수님은 움직이고 있는 아이들을 눈어림으로 보았다.

"괜찮다, 두 명 정도 빠질 수 있다."

아이들은 그런 교수님이 귀엽기도 하고 안쓰럽기도 했다. 잠시 후, 아이들이 다음 수업을 듣기 위해 하나 둘씩 나타나기 시작했다.

"오늘 출석 불렀냐?"

"아니, 안 불렀어."

"휴, 다행이다. 오늘 나만 빠진 거야?"

"아니, 오늘 장난 아니었어. 열 명 정도 빠졌을 걸?"

"아까, 교수님 봤어? 오늘 엄~청 많이 빠졌잖아. 근데, 사람 수 세어 보자고 하더니 두 명 정도 빠질 수 있다 이러고 나가는 거야."

"어우, 어떡해! 담부터는 우리 연구 쌤 봐서라도 꼭 와야겠다."

"그래, 너네 좀 잘 나와."

천문학 수업 시간이 늘 1교시인데다가 교수님은 출석을 잘 부르지 않았다. 거기다가 학생들의 발표 수업이 주가 되었기 때문에 굳이 수업을 들어야 할 필요성을 느끼지 못한 학생들에겐 천문학 수업 시간이 땡땡이를 칠 수 있는 절호의 기회였던 것이다. 그래서 늘 천문학 수업 시간엔 학생 한두 명이 결석을 했는데, 특히 1교시 한 시간만 있는 날엔 심하게 빠지는 것이었다.

"보자, 애들이 많이 안 왔네. 세 명만 더 오면 시작하자."

오늘도 여전히 학생들이 한 뭉텅이 빠져서 강의실은 텅텅 비어 보였고, 교수님은 세 명만 더 오면 수업을 시작하자면서 기다렸다. 하지만 10분이 지나도 학생들은 올 기미를 보이지 않았고, 교수님과 학생들은 서로 민망하고 뻘쭘해졌다.

"강의 시작하자. 누구냐? 오늘 발표할 사람. 발표해 봐라."

수업이 진행되는 동안에도 학생들은 한 명도 오지 않았고, 그렇게 수업이 끝났다. 그리고 다음 수업 시간이 되자 아이들이 한두 명씩 오기 시작했다.

"너네 이제 오냐?"

"어, 어제 너무 늦게 자는 바람에. 오늘 애들 많이 안 왔어?"

"오늘도 장난 아니었어. 교수님 불쌍하더라."

"근데, 그거 교수님이 누구누구 안 왔는지 다 알고 계신대. 그래서 혼자서 막 체크하고 그런다던데?"

"정말? 홍쌤 뭐야~! 뒤에서 호박씨 까는 거야?"

"하하하하하~!"

학생들은 다음부터는 수업에 빠지지 않겠다고 다짐하면서도 막상 닥치면 늘 수업에 빠져 교수님께 미안해하곤 했다.

한편 정년퇴임이 얼마 남지 않은 홍연구 교수는 강의보다는 연구에 더욱 열정을 쏟고 있었다. 그러던 어느 날 홍연구 교수는 블랙홀을 발견했고, 이 사실을 학회에 보고했다. 이 사실이 전 세계에 알려지자, 전 세계는 흥분의 도가니가 되었다.

'백발노인 홍연구 교수 블랙홀 발견하다.'

신문뿐만 아니라 온갖 잡지에 이 기사가 실렸다. 그러면서 홍연구 교수를 인터뷰하러 오는 사람이 끊이지 않았고, 홍연구 교수의 연구실엔 기자들이 터져나갈 정도로 바글거렸다.

"우리 홍쌤 장난 아니다. 그치?"

"그러게. 최고야, 최고!"

교수님이 갑자기 인기를 얻기 시작하자 예전과는 달리 늘 강의실이 꽉 찼지만, 이번에 바쁜 쪽은 학생이 아니라 교수님이었다. 홍연구 교수는 여러 나라에서 강연 초청을 받았고, 강연하러 다니기에 바빠서 정작 대학 강의를 하지 못하는 날이 더 많았다. 학생들은 전 세계에 동시 생방송되는 교수님의 강의를 텔레비전을 통해 볼 수밖에 없었다.

그날도 학생들은 여느 때와 다름없이 텔레비전을 통해 홍연구 교수가 강연하는 모습을 강의실에 앉아 보고 있었다.

"여러분, 홍연구 교수님 모시겠습니다."

홍연구 교수가 베레모를 쓰고 웃으며 강단으로 나왔다.

"블랙홀을 발견했다는데, 사실이세요?"

사회자가 질문을 하자, 온 사방이 조용해졌다.

"하하, 그렇습니다."

근데, 그 순간 뒤에서 누군가가 큰소리를 치며 벌떡 일어섰다.

"말도 안 돼요, 블랙홀은 빛도 흡수하는데 어떻게 블랙홀을 본다는 말이에요? 당신이 한 말은 전부 거짓말이야, 거짓말!"

그러자 모든 사람이 술렁거리기 시작했다.

"아닙니다. 내가 블랙홀을 봤소."

"아니, 빛을 흡수하면 볼 수 없다는 걸 그쪽이 더 잘 알 거 아니에요? 근데 블랙홀을 봤다니요, 앞뒤가 안 맞잖아요?"

"내가 이 두 눈으로 봤습니다."

"봤다고 말만 하면 다예요? 이 사람 안 되겠군. 당신을 지구법정에 고소해서 이 모든 게 거짓이라는 걸 밝혀내겠어요."

블랙홀 주변에는 엄청난 양의 X선이 방출됩니다.
그러나 사람의 눈으로 볼 수 있는 가시광선을 내지는 않습니다.

블랙홀을 실제로 눈으로 본
사람은 없는 걸까요?
지구법정에서 알아봅시다.

  빛까지 흡수하는 블랙홀을 두 눈으로 보았
다고 주장하는 홍연구 교수의 말을 믿을 수 있
을까요? 블랙홀을 눈으로 관찰할 수 있는지 지
구법정에서 알아보도록 하겠습니다.

 재판을 시작하도록 하겠습니다. 블랙홀을 눈으로 확인하는
것이 가능할까요? 블랙홀을 관찰했다는 피고 측의 주장을 들
어 보도록 하겠습니다.

 블랙홀은 관찰이 가능합니다. 최고급 천체 망원경과 같은
기술적인 문제로 관찰에 어려움이 있지만 눈으로 볼 수 있
답니다.

 블랙홀을 보았다면 블랙홀은 어떤 모양입니까?

 블랙홀을 관찰한 피고의 설명에 의하면 블랙홀은 가운데가
움푹 들어간 3차원 입체적인 모양이라고 합니다.

 피고가 직접 블랙홀을 관찰했다고 하지만 피고의 말에 대한
반박을 하는 사람들이 많습니다. 피고가 관찰한 것이 정말 블
랙홀이 맞을지 아니면 다른 것이었는지는 아직 판결을 내릴

수 없습니다. 피고의 주장에 대한 반대 주장을 하는 원고 측 변론을 통해 알아보도록 하겠습니다.

 피고 측은 지금 거짓을 말하고 있습니다.

 변론을 시작하자마자 거짓이라고 주장하는 이유는 무엇입니까?

 지금까지 블랙홀을 본 사람은 없습니다. 당연히 볼 수 없기 때문이지요. 블랙홀은 사람이 볼 수 있는 가시광선의 빛을 내지 않습니다. 따라서 피고는 거짓을 말하는 것이며 거짓이 아니라 하더라도 피고가 본 것은 블랙홀이 아닌 것이 분명합니다.

 그렇다면 블랙홀이 실제로 존재하는지는 어떻게 알 수 있습니까?

 블랙홀의 특성과 블랙홀이 존재하는지를 알 수 있는 방법에 대한 설명을 해 주실 증인을 모셨습니다. 블랙홀 연구가 검은 맘 박사님을 증인으로 요청합니다.

 증인 요청을 받아들이겠습니다.

검은 코트를 입고 선글라스를 쓴 50대 초반의 남성이 블랙홀 사진을 들고 증인석에 앉았다.

 블랙홀은 빛에 대해 어떤 능력을 가지고 있습니까?

 블랙홀이 처음 발견된 것은 실험실이나 망원경으로의 관측을 통해 이루어진 것이 아닙니다. 이론 물리학자들에 의해 이론적으로 증명이 먼저 되었습니다. 증명이 되었다기보다 특정 물리이론을 만족시켜 주기 위해 아주 특별한 물리적 상태가 반드시 존재해야 했고 그 특별한 상태가 다름 아닌 블랙홀을 의미했던 거였습니다. 블랙홀은 강력한 중력을 가지고 있으므로 주위의 빛을 모두 빨아들이는 능력을 가지고 있습니다. 강한 중력을 발휘한다고 하지만 중력이란 힘 자체가 거리의 제곱에 반비례하기 때문에 거리가 멀면 블랙홀이 무조건적으로 빨아들이지는 못합니다. 즉 빛까지도 흡수해 버린다고 하지만 모든 빛을 다 흡수하는 것은 아니고 어느 정도 거리 이내의 빛을 모두 흡수한다는 의미이며 이렇게 빛까지 흡수되는 거리를 '사건의 지평선'이라 부르고 있습니다. 따라서 일정 거리만 유지하면 블랙홀이 있다고 해서 모두 흡수되는 건 아니라는 것입니다.

블랙홀을 관찰하는 것은 가능한 일입니까?

블랙홀은 모든 빛을 빨아들일 뿐만 아니라 사람의 눈으로 볼 수 있는 가시광선을 내지 않습니다.

그렇다면 직접 관찰하는 것은 불가능하겠군요. 그런데 어떻게 블랙홀이 있는지를 알 수 있습니까? 그리고 증인이 가지고 나온 사진은 블랙홀인 것 같은데 어떻게 찍은 사진입니까?

이것은 블랙홀에서 나오는 X선을 찍은 것입니다. 블랙홀에서 나오는 X선으로도 블랙홀의 증거가 될 수 있습니다.

블랙홀에서 X선이 방출됩니까?

블랙홀이 워낙 거대한 질량을 보유하므로 그 주변의 물체들이 블랙홀로 급격히 빨려 들어가게 되면 엄청난 에너지를 방출하게 됩니다. 어떠한 입자든 속도가 빨라지면 에너지가 발생하게 되고 이에 따라 열을 방출하게 되는데, 블랙홀 주변에서 블랙홀로 빨려 들어가는 입자들에 의해 블랙홀 주변은 엄청난 양의 X선을 방출하고 이것이 망원경 등으로 검출되는 것입니다. 즉, 전파망원경에 비정상적으로 많은 양의 X선이 검출되고 그 X선의 발생점에 원인 물질이 전혀 발견되지 않으면 이것을 블랙홀로 의심하게 됩니다.

그렇다면 블랙홀을 눈으로 직접 관찰했다고 말하는 피고는 거짓을 말하고 있는 것이군요. 블랙홀을 사람이 직접 관찰하는 것이 불가능하다고 하는 지금 이 순간 피고 측의 변론을 인정하지 않는다면 학생들에게 거짓을 강의하는 교수로 낙인찍힐지 모르겠습니다. 앞으로 피고는 블랙홀을 보았다는 강의를 해서는 안 될 것입니다. 블랙홀은 망원경으로 X선을 관찰함으로써 간접적으로 찍힐 수밖에 없기 때문입니다.

원고 측의 주장을 인정합니다. 피고는 원고 측의 주장을 받아들여야 하며 피고가 직접 관찰했다고 하는 것은 블랙홀이 아니라 다른 것이라고 판단됩니다. 따라서 피고는 앞으로 강연을 통해 본인이 직접 블랙홀을 관찰했다는 내용을 학생들에게 말하는 것을 삼가야 할 것입니다. 이상으로 재판을 마치도록 하겠습니다.

재판이 끝난 후, 결국 홍연구 교수가 블랙홀을 본 것이 아님이 밝혀지자 학생들은 실망했다. 하지만 사건 이후로도 좌절하지 않고 또 열심히 연구를 하는 교수님을 보고 감동을 한 학생들은 그 다음부티는 지각하거나 결석하지 않고 수업에 전원 참석하는 진풍경을 연출했다.

 뉴턴의 블랙홀

뉴턴 역학으로도 블랙홀을 설명할 수 있다. 어떤 천체를 탈출하는 탈출 속도는 천체가 작고 무거울수록 커진다. 지구의 탈출 속도는 초속 11.2km이지만 목성의 탈출 속도는 초속 60km이고 태양의 탈출 속도는 초속 613km 정도이다. 시리우스 B와 같은 백색왜성에서의 탈출 속도는 초속 3,360km이고 중성자별에서는 탈출 속도가 자그마치 초속 19만 2,000km에 달한다. 그러므로 블랙홀은 중력이 너무 크므로 탈출 속도가 빛의 속도보다 커져 빛조차도 탈출할 수 없는 천체를 가리킨다.

과학공화국 지구법정8

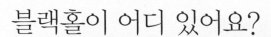

블랙홀이 어디 있어요?

사람이 블랙홀에 빨려 들어가면 어떻게 될까요?

"찐아, 우리 과학 만화 그만 보고 딴 거 하자."

"싫어, 난 과학 만화 볼래."

"그럼 혼자 놀지, 왜 불렀냐?"

"……."

평소에 과학광인 진이는 친구 솔이를 불러 놓고는 자기가 좋아하는 과학 만화만 계속 보고 앉아 있었다. 여기에 싫증을 느낀 솔이는 다른 걸 하자고 진이를 졸랐는데, 진이는 아무 반응이 없었다.

"야, 너 계속 그러면 나 그냥 확 가 버린다."

솔이가 가방을 챙겨서 가 버릴 기세를 보이자, 그때서야 진이는 책을 손에서 놓았다.

"이 언니가 책 좀 보겠다는데 친구가 안 도와주네. 넌 뭘 원츄해?"

"음…… 우리 심심한데 마트에 놀러 가자."

진이와 솔이는 집 근처 대형 마트에 놀러 갔다.

"와, 오늘 손님 되게 많은데?"

"그러게, 주말이라 그런가? 근데 너 배 안 고파?"

"오랜만에 책을 읽어서 그런지 배가 슬슬 고파오는데~!"

"겨우 만화책 한 권 봐 놓고선 생색내기는, 그럼 우리 시식하러 갈까?"

"시식? 좋지! 그럴 줄 알고 짜짜짠~! 내가 포크 두 개 준비했어. 흐흐흐!"

"어머, 준비 정신도 뛰어나셔라. 학교에 준비물이나 잘 가져오지."

"어쭈구리~! 그럼 넌 포크 안 준다?"

그렇게 진이와 솔이는 장난을 치며 시식 코너를 돌아다니며 배를 채웠다.

"우리, 배도 채웠으니까 게임 코너에 가 볼래?"

"그래."

진이와 솔이는 게임 코너로 가서 게임을 하고 있었는데, 어린 꼬마 아이가 자신들의 옆에 다가왔다.

"꼬마야, 너 되게 귀엽게 생겼다?"

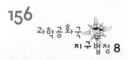

꼬마는 게임 화면만을 보며 반응이 없었다.

"이 꼬마, 꼬마답지 않게 도도한데?"

"그러게? 꼬마야, 너 머리 스타일 예쁘다. 누가 머리 해 줬어?"

"엄마가."

"엄마가 해 줬어? 꼬마야, 누나 예쁘지?"

꼬마는 관심 없는 척하면서도 솔이의 말을 받아주며 고개를 끄덕끄덕했다.

"이 꼬마가 나 예쁘대. 조그마한 게 보는 눈은 있어 가지고, 흐흐흐!"

솔이가 예쁘다는 말을 듣자 진이도 꼬마 아이에게 말을 걸었다.

"꼬마야, 누나도 예쁘지? 누나도?"

그런데 꼬마는 전혀 반응을 보이지 않고 게임 화면만 뚫어지게 바라보고 있었다.

"꼬마야, 꼬마야~! 너 옷 예쁘다. 누나도 예쁘지, 응?"

꼬마는 진이의 말을 무시한 채 화면만을 바라보다가 사라져 버렸다.

"꼬마가 네 말 완전 무시하는데? 굴욕이야, 굴욕. 흐흐흐!"

"그러게, 나 꼬마 애한테 완전 굴욕당했어. 흐흐흐!"

진이와 솔이는 마트 구경 후 집으로 돌아가는 길에 새로운 만화방이 오픈 준비를 하고 있는 걸 보았다.

"저거 언제 오픈하지?"

"글쎄, 저기 아저씨 나와 있네. 물어봐."

"싫어. 네가 물어봐."

부끄럼이 많은 초등학생 솔이와 진이는 서로 물어볼 것을 재촉하다가 결국 진이가 아저씨에게 물어보러 갔다.

"아저씨, 아저씨! 이 가게 언제 오픈해요?"

진이는 용기를 내서 아저씨에게 물어봤지만, 아저씨는 진이의 말을 무시라도 하듯 다른 쪽만을 바라보고 있다가 가게로 휙 들어가 버렸다.

"뭐냐? 나 또 굴욕당한 거야?"

"으~! 진이 굴욕 시리즈 만들어도 되겠다, 완전!"

"그러게, 굴욕의 연속인데 이거."

진이와 솔이는 해가 저물자 집으로 들어갔고, 진이는 '열려라 과학 동산'을 보기 위해 텔레비전을 켰다.

"아이슈 박사님과 함께 블랙홀에 대해서 얘기를 나누고 있는데요, 우리 친구들 아이슈 박사님한테 질문해 볼 사람?"

"저요."

"저요."

어린애들은 오버를 하며 서로 발표를 하겠다며 난리를 폈고, 진행자는 한 아이에게 기회를 줬다.

"블랙홀은 모든 걸 다 빨아들이는 괴물인가요?"

"우리 친구 너무 귀엽네요. 그래요, 친구 말처럼 블랙홀이라는 별이 모든 걸 빨아들여요."

평소에 과학에 관심이 많은 진이는 약간의 의문이 들었고, 블랙홀은 존재하지 않는다는 생각이 들었다. 그래서 방송국에 전화를 걸었다.

"저기요, 아이슈 박사님 좀 바꿔 주세요."

"네? 뭐라고요?"

"아이슈 박사님이요!"

"장난전화하면 못써요!"

"그게 아니라 '열려라 과학 동산'의 아이슈 박사님이요."

"아, 무슨 일인데요?"

"아까 보니까 블랙홀이 모든 걸 빨아들인다고 했잖아요. 그러면 지구도 빨려 들어가야 하는데 멀쩡하니까 블랙홀은 없는 거 아닌가요?"

"하하! 우주의 세계는 꼬마가 모르는 뭔가가 많답니다."

"그 뭔가가 뭔데요?"

"꼬마는 아직 어려서 몰라요."

"어리다고 무시하는 거예요?"

"그런 게 아니라 꼬마는 이해 못해요."

"어쨌든 가르쳐 주라고요."

방송국에선 진이가 어리다며 무시했고, 진이는 계속 가르쳐 달라고 졸랐다.

'뚜~뚜~뚜~뚜~!'

방송국에선 전화를 일방적으로 끊어 버렸고, 며칠 동안 계속 전화를 했지만 진이의 전화는 받지 않았다.

갑자기 진이는 자신의 인생사가 굴욕사라는 우울한 생각이 들었고, 급기야는 우울증에 빠져 아무것도 하려 들지 않았다. 이에 화가 난 진이 아빠는 방송국에 따지려고 전화를 했지만, 방송국에선 진이가 전화를 했다고 생각하고 여전히 받지 않았다.

"이 사람들이 해도 해도 너무하네. 안 되겠어, 지구법정에 고소해서 우리 진이의 억울한 굴욕을 풀어 주겠어!"

우리은하에는 30여 개의 블랙홀이 있어요. 그러나 블랙홀의 영향력을 벗어난 공간에서는 블랙홀 속으로 빨려 들어가지 않습니다.

**사림이 블랙홀에 빨려 들어가면
어떻게 될까요?**
지구법정에서 알아봅시다.

여기는 **지구법정**

진이의 굴욕을 풀어 줄 방법이 무엇일까요?
블랙홀이 없다는 진이의 주장에 대해 해답을
찾아 주어야겠습니다. 지구법정에서 블랙홀이
정말 존재하는지 알아보 도록 하겠습니다.

 재판을 시작하겠습니다. 블랙홀이 존재하지 않는다고 주장하
는 초등학생이 있다고 하는데 꿈과 희망으로 가득 찬 초등학
생 어린이의 의문을 풀어 주어야겠습니다. 블랙홀은 실제로
존재한다고 할 수 있습니까?

 블랙홀은 존재하지 않습니다. 블랙홀은 모든 것을 빨아들이
는 엄청난 파워가 있으므로 블랙홀이 존재한다면 지구뿐 아
니라 행성을 비롯한 모든 것을 빨아들이게 되고 조만간 우주
가 없어질 것입니다. 하지만 블랙홀로부터 지구는 안전하며
앞으로도 안전할 것입니다.

 블랙홀에 대한 정보와 연구가 아주 많이 이루어지고 있다고 하
는데 존재하지 않는 가상의 물질을 연구하고 있다는 건가요?

 블랙홀이 존재할지 모른다는 가정에서 이루어지는 연구가 아

162
과학공화국
지구법정 8

닐까 합니다. 실제로 블랙홀이 존재한다면 모든 것이 빨려들 것이므로 우리들 모두도 현실에 존재하지 못할 것입니다.

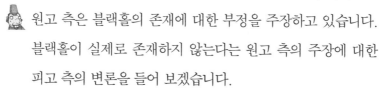 원고 측은 블랙홀의 존재에 대한 부정을 주장하고 있습니다. 블랙홀이 실제로 존재하지 않는다는 원고 측의 주장에 대한 피고 측의 변론을 들어 보겠습니다.

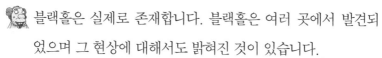 블랙홀은 실제로 존재합니다. 블랙홀은 여러 곳에서 발견되 었으며 그 현상에 대해서도 밝혀진 것이 있습니다.

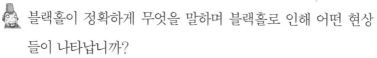 블랙홀이 정확하게 무엇을 말하며 블랙홀로 인해 어떤 현상 들이 나타납니까?

블랙홀에 대해 30년 동안 연구하고 계신 블랙홀 연구가 진어 둠 박사님을 증인으로 요청합니다.

증인 요청을 받아들이겠습니다.

검은 모자에 검은 양복을 입은 50대 후반의 남성이 검 은 선글라스를 쓴 채 증인석에 앉았다.

블랙홀이란 무엇을 말하는 것입니까?

블랙홀은 태양 질량의 수배가 넘는 천체가 엄청나게 강한 중 력을 이기지 못해 폭발을 일으키며 찌그러들어서 부피는 없 어지고 중력과 밀도는 무한대가 되는 특이 현상을 말하는 것 입니다.

🧐 블랙홀은 어떤 특성을 가지고 있습니까?

🎩 블랙홀은 셀 수 없이 많이 존재하고 있습니다. 블랙홀은 거대한 중력의 에너지를 가지고 있으며 빛조차도 진행 중에 블랙홀에 빨려들어 갑니다.

🧐 블랙홀의 빨아들이는 힘은 지구나 태양을 빨아들일 수 있습니까?

🎩 태양보다 수십억 배 클지도 모르는 초거성을 먹는 블랙홀에 센 지구를 먹는 것은 문제도 아닙니다. 블랙홀이 뜬 순간 지구쯤은 산산조각 나 버릴 거니까요. 또한 블랙홀은 태양 곁에서 태양의 에너지와 부분들을 계속 빨아들여 30초 안에 끝날 것입니다. 우주의 그 어떤 에너지로도 블랙홀의 폭주는 막을 수 없습니다. 태양계는 우주 전체에서 봤을 때 매우 작은 항성이기 때문에 만약 태양이 블랙홀에 빨려 들어가서 없어진다 하더라도 우주에는 별 문제가 되지 않을 것입니다.

🧐 사람이 블랙홀에 빨려들면 죽나요?

🎩 사람은 죽는다고 보기보다는 분해되어 버립니다. 블랙홀은 아주 작지만 중력이 아주 큰 천체입니다. 그러므로 어떤 물체든 블랙홀에 가까이 가면 블랙홀의 중심에 가까운 쪽은 큰 중력을 받고 먼 곳은 작은 중력을 받아 양끝의 힘의 차이 때문에 물체가 길게 늘어났다가 분해되는 것이지요.

🧐 블랙홀의 빨아들이는 힘이 그렇게 세다면 블랙홀 주위의 물질

들은 모두 블랙홀로 빠져들 것이고 그 빈자리를 주위의 물질들이 채우면 반복적으로 계속 블랙홀에 빠져들 것입니다. 그렇다면 결국 우주는 조금씩 블랙홀에 의해 좁아들 것이고 우주가 사라지는 것은 시간문제일 것입니다. 그런데 우주는 수축되기는커녕 팽창한다고 합니다. 게다가 지구는 아직 블랙홀에 빨려 들어가지 않습니다. 그 이유는 무엇입니까?

 우리은하에는 30여 개의 블랙홀이 있다고 합니다. 지구와 가장 가까운 블랙홀은 백조자리 X-1이며 은하의 중심에는 NGC4261이라는 고리가 있는데 고리 중심에 거대한 질량을 가진 블랙홀이 있습니다. 우리은하에 거대한 블랙홀이 있다고 믿는 이유는, 은하 중심에서 방대한 X선이 검출되었고, 우리은하를 만들 수 있는 것은 블랙홀밖에 없다고 믿기 때문입니다. 그런데 지구가 블랙홀에 빨려 들어가는 것은 걱정하지 않아도 됩니다. 아무리 강력하게 빨아들이는 진공청소기라도 진공청소기 주위의 큰 물질들은 청소기에 빨려 들어가지만 그 공간은 줄어들지 않으며 진공청소기가 영향을 미치는 외부의 물건들은 티끌 하나도 빨아들이지 못하는 원리와 같습니다. 블랙홀도 마찬가지로 주위의 물질이 블랙홀로 들어가기는 하나, 이는 국지적인 문제이고 블랙홀의 영향력을 벗어난 공간에서는 블랙홀의 영향력이 미치지 않는다고 보면 됩니다.

 우리은하에 블랙홀이 30개 정도라면 블랙홀이 생각했던 것

보다 많은 것 같습니다. 아무리 작은 행성도 블랙홀의 영향력이 미치지 않는 공간에서는 안전하다는 말씀이군요. 우리 주위에 블랙홀이 생기면 문제가 심각해지겠습니다. 블랙홀은 분명 존재하며 블랙홀에 대한 정보를 더 많이 알기 위해 많은 연구원들이 열심히 연구를 하고 있습니다.

 지구는 아직 블랙홀의 위력으로부터 안전한 것 같군요. 블랙홀의 존재 여부가 곳곳에서 발견되고 있으며 그 위력 또한 엄청난 것을 알 수 있습니다. 지구가 빨려 들어가지 않는다고 블랙홀이 없다고 볼 수는 없겠군요. 강력한 흡수력을 가진 블랙홀에 대한 더 많은 정보를 얻기 위해 노력하는 연구원들의 노고가 크겠습니다.

재판이 끝난 후, 블랙홀의 존재를 확실하게 알게 된 진이는 지구과학이 재미있는 학문이란 것을 느꼈다. 그래서 이번 사건을 계기로 지구과학에 대해 깊이 있게 공부해 보겠노라 마음먹었다.

 사건의 지평선

아인슈타인 방정식을 최초로 푼 사람은 1916년 오스트리아의 슈바르츠실트이다. 그는 구형 대칭성을 가진 진공 상태에 대한 아인슈타인 방정식을 풀어 시공간의 한 점에 물질이 모이면 그 주위에 이상한 경계면이 생기며 그 경계면 안쪽에서는 빛도 빠져 나오지 못한다는 사실을 알아냈는데 이 경계면을 사건의 지평선이라 부른다.

태양이 지구를 삼키나요?

태양도 블랙홀이 되어 죽는다는 게 사실일까요?

사건속으로

"비켜, 삼촌 일해야 돼."

"거짓말, 일은 안하고 만날 다른 것만 하고 놀
잖아."

화성인 씨는 컴퓨터 앞에 앉아 게임을 하고 있는 조카에게 비킬
것을 요구했지만, 어린 조카는 삼촌 말을 전혀 들으려 하지 않았다.

"근데, 이거 무슨 게임이냐? 보글보글이잖아. 어쭈! 보글보글도
할 줄 알고 게임할 줄 아는데?"

화성인 씨는 추억의 보글보글 게임을 보자 자신이 더 신이 났고
조카가 하는 게임에 빠져들었다.

"야, 참새! 삼촌도 한 판만 해 보면 안 돼?"

"왜? 삼촌도 하고 싶어?"

"꼭 그런 건 아니지만 너 혼자 하면 심심할까봐 삼촌이 해 준다 그러는 거지."

"거짓말쟁이, 또 거짓말한다. 하고 싶으면 '참새님 한 판 시켜주 세요'라고 정중하게 부탁해 봐."

"뭐? 이 조그마한 게 또 조잘대네."

화성인 씨는 조카의 머리를 한 대 쥐어박았다.

"왜 때려, 이거 2인용도 있어. 삼촌은 이 키를 사용해서 하면 되 는 거야."

화성인 씨와 그의 조카는 나란히 양옆에 앉아서 게임을 하기 시 작했다.

"뿅뿅뿅~! 아, 그거 내 거야. 그만 먹어."

"그런 게 어딨어? 먼저 먹는 사람이 임자야. 억울하면 삼촌이 잘하면 되잖아."

"참새, 너 안 되겠네? 이제부터 조카라고 안 봐 준다, 그럼."

"그러든지 말든지."

첫 번째 게임이 끝났고, 화성인 씨가 게임에서 졌다.

"우씨~! 한 판 더해."

게임에서 진 화성인 씨는 오기가 붙었고, 조카에게 한 판 더 붙 을 것을 제안했다.

"조카야, 한 판만 봐 주면 안 돼?"

화성인 씨는 이기고 싶은 마음에 조카에게 봐 달라고 부탁했지만, 조카는 들은 체도 하지 않았다. 화성인 씨는 계속 졌고, 몇 판을 더 한 끝에서야 겨우 이길 수 있었다.

"아우, 봤냐? 삼촌 실력. 지금까지 괜히 봐줬네. 하하하~!"

"―;;"

겨우 한 판을 이긴 화성인 씨는 생색을 냈고, 조카는 어이가 없어서 아무 말도 하지 않았다. 그때 화성인 씨의 엄마가 들어왔다.

"너 또 애랑 게임이나 하고 앉아 있냐? 너 도대체 커서 뭐가 될래, 응?"

"엄마, 나 다 컸어. 왜 그래? 그리고 작가라는 직업이 원래 고독한 직업이야. 조금만 기다려 봐, 내가 히든카드를 꺼내는 순간……"

"순간, 뭐?"

"어쨌든 좀만 기다려 봐. 언젠가는 대박을 터뜨리고 말 테니."

화성인 씨는 특별히 하는 일이 없어 매일 집에서 빈둥거리면서 인터넷 검색이나 하면서 시간을 때웠다.

검색어 : 블랙홀

"그렇지, 그렇지. 내가 원하던 정보들이야."

얼마 전부터 화성인 씨는 블랙홀에 대한 정보를 검색해서 모으기 시작했고, 이것을 짜깁기해서 글을 썼다. 그리고 약 한 달 후 한 권의 책이 완성되었고, 《별의 죽음》이라는 제목으로 판매되기 시작했다.

그런데 예상 외로 책의 인기가 갈수록 높아졌고, 베스트셀러가 되었다. 베스트셀러가 되면서 작가 화성인 씨에 대한 궁금증도 높아졌고, 많은 프로그램에서 인터뷰해 줄 것을 요청해 왔다.

"과학 네이트, 오늘은 고급 레스토랑에서 《별의 죽음》 베스트셀러 작가 화성인 씨를 만나 보겠습니다. 안녕하세요?"

"네, 안녕하세요?"

"요즘 화성인 씨의 《별의 죽음》이라는 책이 베스트셀러로 많은 인기를 얻고 있는데요, 글 쓰는 데 특별히 힘든 점은 없으셨나요?"

"네, 특별히 힘든 점은 없었고요. 손가락이 좀 많이 아팠어요(검색하느라)."

"아, 화성인 씨는 요즘 작가답지 않게 자필로 글을 쓰시나 봐요. 정성도 갸륵하지. 그건 그렇고 우리 데이트를 즐기러 왔으니 우선 음식부터 시킬까요? 저는 비프스테이크로 주세요."

레스토랑에 처음 와 본 화성인 씨는 전부 영어로 쓰여 있는 메뉴판을 보고 정신을 차릴 수가 없었다. 화성인 씨가 당황한 모습으로 망설이고 있는 걸 본 사회자는 도와줘야겠다는 생각이 들었다.

"여기 비프스테이크 맛있는데, 화성인 씨도 그걸로 하시겠어요?"

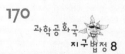

"아니요, 저는 쇠고기 스테이크로 하겠습니다."

"하하! 화성인 씨는 유머 감각도 있으세요."

당황한 진행자는 웃음으로 넘겼다.

"그럼, 책 내용에 대해서 소개해 주시겠어요?"

"모든 별들은 죽으면 수축해 블랙홀이 됩니다. 태양도 블랙홀이 되어 죽는데, 결국 블랙홀이 된 태양은 지구를 삼켜 버릴 것이라는 게 이 책의 핵심입니다."

"아, 그렇군요. 그럼 지금부터 음식이 나오기 전까지 직접 독자와 전화 연결을 통해 대화하는 시간을 가져보도록 하겠습니다."

"전 별의 죽음이라는 책을 감명 깊게 읽은 사람인데요. 앞으로도 힘내서 좋은 글 많이 써주세요."

"네, 감사합니다."

"전 궁금한 게 있어서 전화 드렸는데요. 태양이 블랙홀이 되어 죽는다 그랬잖아요. 근데, 태양은 블랙홀로 죽지 않는다고 들은 거 같거든요?"

"글쎄요, 제가 알기론 그렇지 않은데요. 자세한 얘기는 책에 있으니 한 번 더 읽어 보시겠어요?"

"책은 수백 번도 더 읽어 봤지만, 도저히 문맥도 안 맞고 이해가 잘 안 가요. 천문학을 전공하는 천문학도로서 이 내용에 전혀 동의할 수 없습니다."

"동의하든 안 하든 그건 내 알 바가 아닌데요?"

"뭐 이렇게 뻔뻔한 사람이 다 있어? 알아보니까 과학도 전공하지 않았던데, 과학의 과자도 모르는 사람이 이런 글을 쓴다는 게 말이나 돼? 이건 사기야, 사기!"

"뚫린 입이라고 함부로 말하지 마세요."

"누가 할 소리? 당신을 지구법정에 고소해서 이 책이 사기라는 것을 밝혀내고 말겠어."

별이 죽는다고 해서 모두 블랙홀이 되는 것은 아니에요.
태양이 가진 질량의 4~10배 이상이 되어야 블랙홀이 될 수 있습니다.

태양도 블랙홀이 되어 죽는다는 게 사실일까요?
지구법정에서 알아봅시다.

태양도 별로서 오래되어 죽으면 블랙홀이 되어 지구를 삼킨다는 글의 내용에 대한 반박이 나오고 있군요. 태양이 죽는다는 것이 사실일까요? 지구법정에서 알아봅시다.

 재판을 시작하겠습니다. 태양이 죽어 블랙홀이 되면 지구를 삼킬 수 있을지 알아보도록 하겠습니다. 태양도 오래되면 블랙홀이 될 수 있을까요? 피고 측 변론해 주십시오.

 모든 별은 오래되면 죽음을 맞이합니다. 별이 푸른색 빛을 내면 젊은 별이지만 시간이 지나면 붉은색 빛을 내게 되고 점점 죽어 가는 것입니다. 태양은 스스로 빛을 내는 항성으로서 오랜 시간이 지나면 죽음을 맞이합니다. 태양도 별이기 때문에 블랙홀로 될 것입니다.

 태양이 블랙홀이 된다면 어떤 현상이 일어납니까?

 블랙홀은 강력한 흡수력을 가지고 있으므로 태양이 블랙홀이 된다면 태양 주위에 있는 수성, 금성을 비롯하여 우리가 살고 있는 지구도 당연히 블랙홀에 빨려 들어갈 것입니다.

따라서 지구에 살고 있는 모든 인류도 아주 짧은 시간 안에 모두 블랙홀로 빨려 들어갈 것입니다. 물론 그렇게 되기에는 아직 오랜 시간이 남아 있는 것은 사실입니다.

 태양이 블랙홀이 되지 않는다는 주장을 하는 사람들이 있다고 하는데 그 이유는 무엇인지 들어 보도록 하겠습니다. 원고 측 변론해 주십시오.

 태양이 스스로 빛을 낼 수 있는 별이라는 것은 누구나 알고 있습니다. 물론 별도 탄생한 이후 점점 변화하여 죽음을 맞이하는 것도 사실입니다. 하지만 모든 별이 죽어서 블랙홀이 되는 것은 아닙니다. 태양 또한 죽어서 블랙홀이 되는 별은 아닙니다.

 태양이 죽어도 블랙홀이 되지 않는 이유는 무엇입니까?

 태양이 어떻게 변화하는지, 왜 죽어도 블랙홀이 되지 못하는지에 대한 설명을 해 주실 증인이 자리하고 있습니다. 우주 과학 사업 단체의 강중력 협회장님을 증인으로 요청합니다.

 증인 요청을 받아들이겠습니다.

양쪽 어깨에 질량이 큰 돌덩이를 얹은 50대 초반의 남성이 한 걸음 한 걸음 힘겹게 걸어서 증인석에 앉았다.

블랙홀은 어떻게 만들어집니까?

블랙홀은 별의 최후라고 할 수 있는데 별도 수소라는 연료를 사용하는 하나의 덩어리라고 생각하면 됩니다. 수소 네 개가 결합되면서 헬륨 하나와 에너지를 발생시키는데 이를 핵융합 반응이라고 하며, 이 과정에서 엄청난 에너지가 발산됩니다.

보통 때 큰 별의 엄청난 중력을 견디는 것은 이 에너지 때문이며 연료를 다 쓰면, 즉 수소가 모두 핵융합 반응을 일으키는 데 쓰이면 별에 작용하는 힘은 중력만이 남게 됩니다. 그 중력에 의해 그 거대한 별은 점차 수축하고, 수축하면 할수록 중력은 강하게 되어 마침내 블랙홀이 탄생하는 겁니다.

 태양이 블랙홀이 되려면 어떤 과정으로 진행됩니까?

 태양은 현재 수소가 핵융합을 하면서 헬륨으로 바뀌고 있습니다. 수소가 핵융합이 되면 헬륨으로 모두 변해 백색을 띠는데 이를 백색왜성이라고 합니다. 여기서 '왜'는 난장이처럼 작다는 뜻이지요. 즉 백색왜성은 흰빛을 내는 난장이 별이라고 생각하면 됩니다. 백색왜성이 되면 만유인력이 증가하게 되면서 헬륨 원자들의 간격이 점점 좁아들게 됩니다. 좁아지면 좁아질수록 만유인력의 값은 점점 커지게 됩니다. 그러다 보면 부피는 거의 영에 가까이 가게 되고 만유인력은 무한대로 되면서 블랙홀이 형성되게 됩니다. 태양이 블랙홀

이 되면 겨우 3km의 크기를 가질 것입니다.

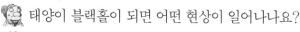 태양이 블랙홀이 되면 어떤 현상이 일어나나요?

 만약 태양이 블랙홀이 되었을 경우 태양으로부터의 빛이 블랙홀의 중력에 의해 차단되고 그러면 온도가 급격하게 내려가 절대영도가 되고 지구가 빨아들여지기 전에 사람들은 모두 얼어 죽습니다. 만약 살아남은 사람이 있다고 해도 블랙홀에 들어가면 머리와 발의 중력 차에 의해 몸이 무한대로 늘어나게 될 겁니다.

태양이 블랙홀이 된다는 주장이 옳은 것입니까?

별이 죽는다고 해서 모두 블랙홀이 되는 것은 아닙니다. 별이 죽어서 블랙홀이 되는 것은 그 질량에 좌우됩니다. 태양은 블랙홀이 되기에는 질량이 작기 때문에 태양이 블랙홀이 되는 것은 걱정하지 않아도 됩니다. 따라서 블랙홀이 되는 별은 태양보다는 훨씬 더 큰 별에서나 가능한 일입니다.

블랙홀이 되려면 질량이 어느 정도 되어야 합니까? 그리고 그 이유는 무엇입니까?

태양이 가진 질량의 4~10배 이상 정도가 되어야 블랙홀이 될 수 있습니다. 질량이 작으면 중성자가 중심 붕괴하는 것을 막는데 중성자의 힘까지 이길 힘이 없어서 태양의 경우 블랙홀까진 되지 않습니다. 태양은 수소 핵융합을 통해 적색거성이 되었다가 백색왜성으로 죽음을 맞이할 것입니다. 모든 별들은 자기 일생의 90% 동안 점점 커지게 됩니다. 별이 가장 커지게 되면 에너지가 작아져 붉은빛을 냅니다. 즉 붉은빛을 내는 거인별이 되는 거죠. 그것을 적색거성이라고 불러요.

 태양처럼 별이지만 그 질량이 작으면 블랙홀이 되지 못하고 백색왜성으로 죽음을 맞이하는 것입니다. 블랙홀이 될 수 있는 조건을 갖추었더라도 아마 너무나 오랜 세월이 지나야 가능할 것이며 태양이 블랙홀이 될 확률은 거의 없다고 보이므로 블랙홀 안으로 지구가 빨려 들어갈 것이라는 걱정은 하지 않아도 될 것입니다.

태양이 블랙홀이 되기에는 조건이 많이 부족하다고 판단됩니다. 블랙홀의 위력이 모든 물질을 빨아들이는 능력을 가졌다고 할지라도 태양이 블랙홀이 될 확률은 거의 없다고 판단되므로 걱정하지 않아도 될 것 같습니다. 따라서 현재 서점에 비치되어 있는 피고의 책을 모두 회수하여 태양이 블랙홀이 된다는 내용을 삭제하고 판매하도록 하십시오. 옳지 않은 내용을 그대로 둔다면 책 판매를 중단해야 할 것입니다. 이상으로 재판을 마치도록 하겠습니다.

재판이 끝난 후, 화성인 씨는 판결에 따라 태양이 블랙홀이 된다는 내용을 책에서 삭제했다. 또한, 이 사건을 계기로 알지 못했

던 과학에 대한 새로운 지식을 얻고 흥미를 느낀 화성인 씨는 이
번에는 정말 공부를 하고 자신이 아는 지식으로 책을 써 보겠다고
마음먹으며 요즘에는 과학 공부에 푹 빠져 있다고 한다.

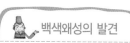 백색왜성의 발견

1844년 독일의 천문학자 베셀은, 시리우스의 운동이 직선이 아니라 구불거리는 운동을 하는 것은
시리우스 근처에 다른 별이 있어서 이 별이 지닌 인력의 영향을 받기 때문이라고 생각했다. 1862년
미국의 클라크는 시리우스 근처에 시리우스의 1만분의 1 정도의 밝기를 가진 어두운 별을 관측했
다. 이 별이 지금 시리우스 B라고 알려진 시리우스의 동반성이다. 시리우스 B의 반지름은 태양의
30분의 1 정도, 질량은 태양의 0.96배 정도이고 밀도는 태양의 27,000배 정도이다. 이 별이 인류가
발견한 최초의 백색왜성이다.

태양이 제일 밝다고요?

실제 별의 밝기를 측정하는 절대 등급으로 보면 태양의 밝기는 몇 번째일까요?

사건 속으로

"야, 김박식! 넌 쉬는 시간에도 책 보냐? 그만 봐!"

점심시간이라 교실은 시끌벅적했지만, 박식이는 전혀 신경 쓰지 않고 혼자 앉아 책을 읽고 있었다.

"안 돼, 이거 도서관에서 빌린 사이언스 잡진데 이번 주까지 읽고 반납해야 한단 말이야."

"뭐? 도서관이 뭐하는 곳이야?"

"너, 도서관 몰라? 도서관!"

"응, 도시락은 들어 본 적 있어도 도서관은 처음인데."

"어이구, 내가 너랑 무슨 말을 하겠냐?"

"도시락이고 도서관이고 때려치우고 우리 물총 싸움하고 놀자,
응? 이거 죽이지 않냐?"

"싫어, 난 책 볼래."

"넌 만날 책밖에 안 보냐?"

"응, 그래."

친구 김까불이 박식이에게 계속 놀자고 졸랐지만 의지의 초등
학생 박식이는 까불이의 유혹을 뿌리치고 책을 읽었다. 이렇듯 박
식이는 보통 초등학생과는 달리 뭔가를 읽고 탐구하는 것을 좋아
했다. 그래서 박식이의 주위에는 친구가 많이 없었고, 까불이만이
유일한 친구였다.

'띠리띠리띠리띠리리~!'

점심시간이 끝나고 수업 종이 쳤지만, 여전히 아이들은 시끄러
웠고 교실 여기저기를 돌아다니고 있었다.

"여러분, 종 쳤으니깐 자리에 앉아야죠."

선생님이 아이들에게 크게 소리쳤지만 아이들은 선생님 말에는
아랑곳하지 않았다. 선생님은 박수까지 치며 아이들을 집중시키
려 했지만 아이들은 여전했다.

'휴우~ 이것들이! 오늘도 불같은 나의 성질을 돋우는구나.'

점점 화가 치솟아 오른 선생님은 결국 화를 참치 못하고 고함을
질렀다.

"5초 만에 자리에 안 앉는 사람은 발바닥 100대."

"5!"

선생님이 카운트다운에 들어가자 선생님의 본색을 알고 있는 아이들은 얼른 자신의 자리로 돌아가 앉기 시작했다.

"4!"

"3!"

"2!"

"1!"

다른 아이들은 모두 자기 사리에 앉았는데, 까불이는 너무 급한 나머지 자기 자리에 돌아가지 못하고 친구 박식이의 무릎에 앉아 버리고 말았다. 이를 본 선생님은 까불이가 자신을 놀리는 거라고 생각하고는 까불이를 불러냈다.

"까불이 너, 발바닥 대."

"한 번만 봐 주세요."

"안 돼, 얼른 대."

"100대 다 때리실 거예요?"

"당연하지."

"하루에 열 대씩 할부로 때리시면 안 돼요?"

"끝까지 이 녀석이 장난질이네."

더 화가 난 선생님은 한 시간 내내 까불이의 발바닥을 때렸고, 까불이는 울음을 터뜨렸다.

"내일은 견학 가는 날이니까 나머지 70대는 견학 갔다 와서 때리도록 하겠어. 참 발바닥 맞은 거는 엄마한테 말하면 안 돼. 알겠지?"

다음 날 박식이는 가방을 챙기지도 않은 채 엄마의 도시락을 기다리며 책을 읽고 있었다.

"박식아, 너 가방 안 챙겨?"

"엄마, 나 견학 안 가면 안 돼?"

"왜?"

"나, 이 잡지 내일까지 반납해야 하는데 다 못 읽었단 말이야. 신간이라 한 달 이후에나 빌릴 수 있어."

"애가, 애가, 그래도 견학은 가야지."

박식이는 견학을 가는 즐거움보다는 책을 다 읽지 못했다는 아쉬움에 사로잡혀 있었고, 이런 박식이를 걱정하던 엄마는 억지로 박식이의 등을 떠밀었다. 박식이는 어쩔 수 없이 사이언스 잡지를 배낭에 꽂은 채 학교로 향했다.

"여러분, 오늘은 무슨 날이죠?"

"견학 가는 날이요."

"맞아요. 어디로 견학 가죠?"

"문학 박물관이요."

"맞아요, 문학 박물관에 가서 여러 가지 작품도 살펴보고 시인 아저씨도 만나 볼 거예요. 어때요? 벌써부터 떨리죠?"

"네!"

제일 앞에 서서 큰소리로 대답을 하던 까불이는 선생님이 사라지자 태도가 돌변했다.

"쳇! 비위 맞춰 주니까 얼굴이 싱글벙글하네, 그냥. 우리가 무슨 유치원생도 아니고 저게 뭐냐? 안 그래?"

이런 까불이의 말에는 아랑곳하지 않고 박식이는 책만 읽었다.

"넌 견학 가는데도 책 읽고 그러냐? 어휴~ 책을 찢어 버리든지 해야지."

잠시 후 문학 박물관에 도착한 아이들은 여기저기 돌아다니며 문학 작품들을 감상했다.

마침 그때 최근 '별 푸른 밤'이란 시를 발표해 베스트셀러가 되어 인기를 끌고 있는 시시해 씨가 이 박물관에 들렀고, 아이들과 미팅해 줄 것을 부탁받았다.

"여러분, 지금부터 시시해 작가님과 미팅 시간을 가져볼 거예요. 작가님이 무슨 말을 했는지 나중에 시험에 낼 테니까 엉뚱한 짓 하지 말고 잘 들어요."

"여러분, 안녕하세요? 우선 이번에 새로 발표한 '별 푸른 밤'이란 시 먼저 소개해 드릴게요."

잠시 후 앞에 있는 스크린에 시가 떴다. 시시해 씨의 눈에 맨 앞에 앉아 책을 읽고 있는 박식이가 눈에 들어왔고, 박식이에게 일어나서 시를 큰소리로 읊어 볼 것을 부탁했다.

"저기 있는 저 푸른 별은 당신의 오른쪽 눈동자

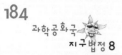

세상에서 가장 뜨겁게 이글이글 타오르네.

저기 있는 저 푸른 별은 당신의 왼쪽 눈동자

노란 별보다도 더 뜨겁고 밝게 타오르네."

이 시를 읊고 있던 박식이는 평소에 알고 있던 과학 상식과는 너무 다르다는 생각을 했고, 과학광인 박식이는 더 이상 읽어 내려갈 수가 없었다.

"학생, 계속 읽어요."

"전 더 이상 못 읽겠어요."

"못 읽겠다니? 왜 그러죠?"

"세상에서 제일 밝은 별은 태양이란 말이에요. 그러니까 이 시는 엉터리야, 엉터리! 아저씨를 지구법정에 고소할 거예요."

별은 밝은 별일수록 푸른색을 띠고 어두운 별일수록 붉은색을 띱니다.
절대 등급으로 보면 태양보다 밝은 별들이 무수히 많습니다.

태양의 밝기는 몇 번째일까요?
지구법정에서 알아봅시다.

박식이는 세상에서 제일 밝은 별이 태양이
라고 합니다. 태양이 세상에서 가장 밝은 별이
맞을까요? 지구법정에서 알아봅시다.

 재판을 시작하겠습니다. 시인이 쓴 시에서 별을 표현한 부분
이 거짓이라고 고소를 했습니다. 시의 표현을 가지고 참과 거
짓을 따지는 것이 의아하게 생각되긴 하지만 고소에 대한 결
론을 내려야겠습니다. 세상에서 가장 밝은 별에 대한 원고 측
의 변론을 들어 보도록 하겠습니다.

 시인의 표현을 보면 푸른 별이 노란 별보다 밝다고 합니다.
하지만 실제로 가장 밝은 별은 태양입니다. 태양빛이 내리쬐
는 낮에는 그 밝기에 눈을 뜰 수 없습니다. 이처럼 너무도 잘
알고 있는 밝은 태양이 푸른 별보다 어둡다는 것은 인정할 수
없습니다. 태양은 노란색이므로 노란 별이 푸른 별보다 훨씬
밝은 별이지요. 시인의 표현이 틀렸으므로 노란 별과 푸른 별
을 서로 바꾸어 줄 것을 주장합니다.

 시인은 사물을 인간인 듯 표현하기도 하고 불가능한 일도 가

능한 것처럼 쓰기도 하는데 이렇게 참 거짓을 따지는 것이 의미 있는 일일까요?

하지만 실제와 다른 글을 보면서 사람들이 시의 내용을 그대로 믿는 오류를 범할 수도 있습니다.

그렇다면 재판을 과학적인 입장에서만 진행하도록 하겠습니다. 원고 측은 태양이 가장 밝은 별이라고 주장하는데 이에 대한 반론이 있습니까?

태양이 밝게 보이는 것은 단순히 가깝게 있기 때문입니다. 플래시 불빛이 눈앞에 있다면 태양보다 훨씬 밝게 보이는 것과 같은 이치이지요.

태양이 가장 밝은 별이 아니라는 것을 설명해 주십시오.

천체과학 연구소의 왕밝아 박사님을 모시고 별의 밝기에 대한 설명을 들어 보도록 하겠습니다.

증인 요청을 받아들이겠습니다.

1미터가 넘는 망원경을 두 손으로 껴안은 40대 후반의 남성이 무거운 망원경을 낑낑거리면서 들고 증인석으로 나왔다.

망원경으로 천체를 관찰하면 정말 천국이 따로 없겠군요. 눈으로는 잘 보이지 않는 수많은 별들까지 망원경으로 관찰할

수 있으니 정말 좋겠습니다. 별들의 밝기를 측정하는 기준이 있습니까?

 별의 밝기를 분류하는 방법에는 지구에서 눈으로 볼 때 밝은 정도에 따라 분류하기도 하지만 실제로 별 바로 앞에 가서 그 별이 내는 밝기에 따라 분류하는 방법도 있습니다. 전자를 실시 등급이라고 하고 후자를 절대 등급이라고 합니다. 태양은 전자의 방법으로 하면 가장 밝은 별이 되겠지만, 후자의 방법으로 하면 사실 순위권에도 못 듭니다. 왜냐하면 넓은 우주에서 태양보다 크고 밝은 별은 무지무지 많거든요.

 태양은 어느 정도 밝은 별인가요?

 고대 그리스의 천문학자들은 별들의 밝기를 등급으로 표시해 놓았는데 밤하늘에서 가장 밝게 보이는 것을 1등급이라 하고, 이런 별들을 1등성이라고 했습니다. 그리고 맨눈으로 겨우 보이는 별의 밝기를 6등급이라고 하고, 이런 별을 6등성이라고 했지요. 1등성과 6등성 사이에는 2, 3, 4, 5등성이 있으며, 1등급마다 밝기의 차이는 약 2.5배입니다. 따라서 1등성은 6등성보다 약 100배가 더 밝습니다. 예를 들어, 6등성의 밝기를 전구 1개의 밝기라고 한다면 5등성은 전구 2.5개의 밝기이고, 4등성은 6.25개, 3등성은 16개, 2등성은 40개, 1등성은 전구 100개의 밝기와 같습니다. 즉, 6등성의 2.5분의 1의 밝기는 7등성이며, 1등성보다 2.5배 밝은 별은 0등성입니다. 이와 같은 방법으로 별의 등급을 매겨 보면, 금성이 가장 밝을 때가 약 -4.3등급, 보름달은 약 -12.5등급, 태양은 약 -26.8등급이나 됩니다. 이렇게 별의 등급은 맨눈으로 보이는 별의 밝기를 구분한 것으로, 실시 등급 또는 겉보기 등급이라고 합니다.

 그렇다면 별의 실제 밝기는 어떻습니까?

 별의 실제 밝기는 절대 등급으로 나타냅니다. 별의 실시 등급은 겉으로 보이는 밝기에 불과하며, 그 별의 진짜 밝기는 아닙니다. 천문학에서는 모든 별이 지구에서 10파섹(pc)의 거리에 있다고 가정하고 별의 실제 밝기를 비교합니다. 이렇게 해서 나타낸 별의 밝기를 절대 등급이라 하며 태양의 실시 등급은 -26.8등급으로 매우 밝게 보이지만, 10파섹 거리에서 보면 4.8등성에 불과합니다. 그리고 제일 밝게 보이는 시리우스의 경우 절대 등급으로는 1.3등급에 불과하며, 1500광년이나 떨어진 곳에 위치하고 있는 데네브는 -7.0등성으로 실제로는 매우 밝은 별입니다. 또한 별은 밝은 별일수록 푸른색을 띠고 어두운 별일수록 붉은색을 띱니다.

 가장 밝게 보이는 태양은 실제로는 어두운 별이며 지구에 가까이 있기 때문에 밝게 보이는 것이군요. 박식이 학생은 실시 등급만을 생각하고 태양이 가장 밝은 별이라고 생각한 것 같습니다. 별의 실제 밝기는 절대 등급으로 나타내며 밝은 별일

수록 푸른색을 띱니다. 따라서 태양은 가장 밝은 별이라고 할 수 없으며 노란색 별은 푸른색 별보다 밝지 않습니다.

 태양이 가장 밝게 보이는 별이어서 별과 지구까지의 거리를 고려하지 않는다면 누구나 태양이 가장 밝다고 생각하겠군요. 태양의 밝기가 지구에서는 밝게 보이지만 같은 거리에 두고 보는 절대 등급으로는 아주 낮은 것이라는 결론을 얻을 수 있습니다. 특히 시에 쓰인 푸른색 별이 가장 밝다는 구절은 옳은 것으로 판단됩니다. 이상으로 재판을 마치도록 하겠습니다.

재판이 끝난 후, 태양의 밝기가 가장 밝은 것이 아니라는 사실을 알게 된 김박식은 몹시 창피했다. 시시해 씨에게 사과를 한 후 김박식은 과학을 더 공부해야겠다고 마음먹었고, 하루에 과학책 한 권씩은 꼭 읽겠다고 다짐했다.

별은 어떻게 태어나는가?

우주에서 성간 물질은 장소에 따라 차이가 난다. 즉 성간 물질이 희박한 곳이 있는가 하면 반대로 성간 물질이 많이 모여 있는 곳도 있다. 이들이 모이면 열을 방출하며 스스로 빛을 발하는 성운이 된다. 이때 빛을 내는 별의 재료인 성간 가스를 만유인력으로 서로 끌어당기고 만유인력은 거리의 제곱에 반비례하므로 이들 사이의 거리가 가까워짐에 따라 만유인력은 더 강해진다. 이렇게 강해진 만유인력은 성간 가스들을 한곳에 모이게 하여 별을 만든다.

별의 죽음

사람도 자라면서 점점 커지듯이 별도 점점 커집니다. 그러면서 별은 점점 차가워집니다. 이것은 점점 핵융합 반응이 적게 일어나는 것을 의미하지요. 이렇게 점점 커지고 있는 별을 주계열성이라고 하는데 여러분이 밤하늘에 보는 대부분의 별은 주계열성입니다.

그럼 별은 한없이 커질까요? 그렇지는 않습니다. 별은 자기 수명의 90%의 기간 동안만 점점 커지고 더 이상 커지지 않습니다. 그럼 별이 제일 클 때가 있겠죠? 그때의 별이 바로 붉은 거성입니다. 붉은 거성은 표면 온도가 낮아 에너지가 낮은 빨간빛을 방출합니다. 그래서 빨간 별로 보입니다. 예를 들어 지금 노란빛을 내는 태양은 태어난 지 50억 년 되었습니다. 그러니까 자기 수명의 절반을 산 것이지요. 앞으로 40억 년 뒤에 태양은 붉은 거성이 됩니다. 이때 수성과 금성은 태양에 녹아 버리고 태양에서 가장 가까운 행성은 지구가 됩니다.

별의 수명은 태어났을 때의 질량에 의해 결정된다고 했습니다. 별이 죽는 모습도 별의 질량에 따라 다릅니다. 가벼운 별은 붉은 거성에서 천천히 수축되어 질량은 그대로인데 부피가 작아지는 별이 됩니다. 이 별이 바로 백색왜성이지요. 질량은 그대로이고 부피가 작아지니까 이 별의 밀도는 굉장히 높습니다. 그러니까 백색왜성에서 티스푼으로 떠올린 흙 한 줌의 질량은 1톤 정도입니다. 태양도 바로 죽어서 백색왜성이 되지요.

그럼 무거운 별의 최후는 어떻게 될까요? 무거운 별은 수축이 일어나는 속도가 빠릅니다. 그러므로 바깥쪽에 있는 가벼운 기체

들이 미처 따라오지 못하고 우주 공간으로 흩어지게 됩니다. 그러니까 만두의 피와 속이 주위로 흩어지듯이 별이 폭발하는 거예요. 이러한 과정을 초신성 폭발이라고 합니다. 초신성 폭발이라고 하는 이유는 이때 바깥으로 날아간 성간 물질들이 다시 한군데로 모여들어 새로운 별을 만들기도 하기 때문이지요. 그러니까 초신성 폭발은 별의 죽음과 탄생이 동시에 일어나는 과정입니다.

그렇다면 가운데 남아 있는 부분은 어떻게 될까요? 그 부분은 더욱더 수축하게 됩니다. 별은 원자로 이루어져 있고 원자는 원자핵과 전자로 되어 있지요. 그런데 계속 수축되면 원자핵과 전자가 달라붙게 됩니다. 이때 전자는 원자핵 속으로 들어가 양성자와 반응을 일으켜 중성자가 됩니다. 그러니까 모두 중성자가 되지요. 이처럼 중성자로만 이루어진 별을 중성자별이라고 합니다.

중성자별이 별의 죽음의 끝일까요? 그렇지는 않습니다. 아주 무거운 별은 중성자별에서 수축이 더 일어납니다. 그래서 크기는 아주 작고 질량은 아주 큰 천체가 되어 우리 우주에 구멍을 만들게 되는데 그것이 바로 블랙홀입니다. 그러니까 블랙홀은 아주 무거운 별의 죽음이지요.

제3장

은하에 관한 사건

은하① – 우리은하의 중심은 지구인가요?

은하② – 은하는 나선 모양만 있나요?

우주 팽창 – 우주가 커지나요?

우리은하의 중심은 지구인가요?

우리은하의 중심에선 수많은 별들의 흐름인 은하수를 볼 수 없다고요?

'띠리리리리리리리리~!'

"할로할로~!"

"오늘 철이 생일이라서 술 한 잔 마시기로 했는
데 나올 수 있냐?"

"오우~! 철이 생일 파리! 내가 빠지면 무슨 재미가 있겠냐? 당
연히 가야지."

"아, 꼭 그런 건 아니거든요. 근데, 너 이틀 후에 학회 있다면
서? 준비 안 했다더니 놀아도 괜찮냐?"

"당연하지, 내가 누군데. 명석한 명석이 아니냐! 그쯤이야 하루

만에 후다닥 준비하면 땡이야."

천문학자 김명석 씨는 학회가 얼마 남지 않았지만 평소에 노는 걸 너무 좋아하는 성격이라 연구도 다 마치지 않은 채 친구들이 부르는 술자리에 냅다 달려 나갔다.

"오우, 철~! 이거 너무 오랜만인데?"

"진짜 우리가 얼마 만에 보는 거야? 그건 그렇고 천문학자가 이렇게 한가하게 나와서 술이나 마셔도 되는 거야?"

"제 버릇 남 주겠냐. 천문학자라고 달라질 게 있어야지."

옆에서 친구 영민 씨가 명석 씨를 놀렸다.

"무슨 소리! 너무 바빠서 미쳐 버릴 지경이긴 하지만 우리 철이의 생일을 축하해 주기 위해서 나온 거지. 철이 너를 생각하는 내 맘 느껴지냐? 하하!"

명석 씨는 오버액션을 취하며 너스레를 떨었다.

"학자라고 말은 잘해요."

"이틀 후에 학회라면서? 준비는 다 하고 나온 거야?"

철이 씨는 노는 걸 너무나 좋아하는 명석 씨의 성격을 잘 아는 터라 걱정이 돼서 물었다.

"준비? 얘가 그런 게 어딨어? 얘 인생 철칙이 선 놀고 후 연구잖아."

"내가 천문학을 연구해 보니까 인생 별거 없더라. 우리는 저 넓고 넓은 우주에 있는 하나의 점에 불과해. 어쨌든 우리 오늘은 따분한 얘기 집어치우고 신나게 놀아 보자고."

그렇게 오랜만에 뭉친 세 친구는 세상만사를 잊고 오늘 하루만은 신나게 놀기로 했고, 결국 날이 밝아서야 집에 들어갔다. 집으로 들어온 명석 씨는 들어오자마자 씻지도 않은 채 잠이 들었다.

'똑똑똑!'

누군가 문 두드리는 소리에 잠을 깬 명석 씨는 숨을 죽인 채 바깥의 동정을 살폈다. '똑똑' 두드리는 소리가 멈추고 바깥에서 아무 소리도 들리지 않자 그제야 안심을 한 명석 씨는 신문을 가지러 나갔다. 문을 조심스럽게 열고 혹시 누가 있는지 빠끔히 얼굴만 내밀고 동정을 살핀 후 손을 쭉 뻗어 신문을 집으려는 찰나 누군가가 불쑥 튀어 나왔다.

"아저씨, 계속 이런 식으로 가스요금 안 주시면 저 잘려요. 이번이 다섯 달째잖아요."

"학생, 미안해요. 지금 현금이 없어서 그러니까 계좌번호 가르쳐 주면 오늘 안에 꼭 보내줄게요."

"그 얘기만 몇 번쩬 줄 아세요? 돈 내놓기 전엔 절대 못 가요."

평소에 게으른 성격 탓에 하루 이틀 미룬 게 벌써 몇 달이 되어 버린 것이다. 오늘만큼은 꼭 받아야겠다는 알바생의 굳은 의지에 명석이는 결국 돈을 내놓았다. 그렇게 이틀이 지나고 학회 날이 되었다.

"네, 이번 순서는 천문학자 김명석 씨가 그동안의 연구 결과에 대해 발표할 차례입니다."

자기 순서가 되자 명석 씨는 앞으로 나갔고 자신의 연구에 대해 발표를 시작했다. 그러나 어느 순간부터 내용이 엉성해지기 시작했고 나중에는 제대로 된 연구 결과조차 밝힐 수 없었다. 그리고 연구에 관한 질문을 하는 시간에도 사람들이 묻는 물음에 한마디도 똑바로 대답을 할 수 없었다.

"김명석 씨, 이번이 분명히 마지막 기회라고 했죠? 약속대로 당신을 학회에서 제명하겠습니다."

그렇게 학회에서 제명당한 명석 씨는 심한 충격에 빠졌고, 우연히 알게 된 반짝교라는 사이비 종교에 심취하게 되었다. 명석 씨는 사이비 종교의 교리에 빠진 나머지 열렬한 신도가 되었고, 교주의 자리에까지 오르게 되었다.

"여러분, 믿습니까?"

"믿습니다, 믿습니다, 믿습니다."

사람들은 미친 듯이 열광했다.

"우리는 넓고 넓은 우주에 있는 하나의 점에 불과합니다. 하지만 반짝교는 그런 별들이 모여 이루어진 은하입니다. 그런 은하의 중심에 지구가 있는 거지요. 믿습니까?"

"믿습니다, 믿습니다, 믿습니다."

"우리 신자들이여, 믿는다면 오늘 배운 교리를 온 세상에 전파하도록 하십시오."

반짝교 신자들은 교주의 말대로 이 교리를 전파하기 위해 5보 1배를 하며 다섯 발자국마다 하나씩 '우리은하의 중심에 지구가 있다'는 플래카드를 달기 시작했다. 이러한 비정상적인 행동은 곧 사회적으로 화제가 되기 충분했고, 매스컴을 통해서 세상에 알려지기 시작했다.

"지구는 은하의 중심에 있지, 그거는 모두가 알아야 하는 사실 옙베이베~ 옙베이베~!"

신자들은 유닝 연예인을 섭외해서 공익광고라는 명분으로 광고까지 만들었고, 이를 본 천문학자들은 임시 학회를 소집했다.

"저 광고에 나오는 반짝교의 교준가 뭔가 하는 사람 얼마 전에 제명당한 김명석 씨 아닌가요?"

"그러게, 어디서 많이 봤다 싶었어. 천문학자였던 사람이 저렇게 사이비 종교를 만들어 속세를 어지럽힐 수가 있는 거야?"

"내 말이 그 말이요, 은하의 중심에 지구가 있다니 그게 말이나 되냐고요."

더 이상 두고 볼 수만 없다고 생각한 천문학회는 대응 방법으로 자신들도 5보 1배를 하며 다섯 발자국마다 하나씩 붙여진 플래카드를 떼기 시작했다. 이 사실을 안 반짝교 신자들은 화가 났고, 천문학자들에게 따지러 갔다.

"당신들이 뭔데 우리가 힘들게 붙인 플래카드를 떼고 난리야?"

"은하의 중심에 지구가 있다는 게 말이 안 되잖소."

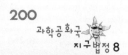

"뭐? 다른 건 몰라도 우리 교주님의 교리를 무시하는 건 용서할
수 없어."

"용서 안 하면 어쩔 건데?"

"오늘 밤 벌로 당신의 집에 별똥별을 내리겠어."

"뭐 이런 사람이 다 있어? 도저히 말로 해선 안 되겠구먼. 당신
들을 지구법정에 고소해서 사이비 교리라는 걸 밝히고 말겠어!"

우리은하란 우리가 사는 태양계를 포함하고 있는 은하를 말합니다.
태양계가 우리은하의 중심에 있지 않기 때문에 은하수를 볼 수 있답니다.

우리은하의 중심은 지구인가요?
지구법정에서 알아봅시다.

우리은하의 중심에 지구가 있다는 사이비 종교 단체의 교리는 믿을 수 있는 말일까요? 지구는 우리은하에서 어디쯤에 위치하는지 지구법정에서 알아보도록 하겠습니다.

 재판을 시작하겠습니다. 지구가 위치하는 장소는 우리은하의 어디쯤일까요? 원고와 피고가 의견이 분분한데 타당한 변론을 통해 결론을 얻도록 하겠습니다. 먼저 피고 측 변론하십시오.

 우주 만물의 중심은 지구입니다. 사람들이 지구에서 잘 살도록 보살펴 주는 것이 바로 반짝교의 교주님께서 하시는 일입니다. 그러므로 우리가 살고 있는 지구는 당연히 우리은하의 중심에 있어야 합니다.

 지치 변호사도 혹시 반짝교의 신도입니까? 신도라 하더라도 반짝교를 우상화시키는 발언을 하지 않도록 하고 객관적인 입장에서 변론하십시오. 우리은하의 중심에 지구가 있다는 증거는 무엇입니까?

지구는 지금까지 밝혀진 바에 의하면 유일하게 생명체가 존재하는 곳입니다. 따라서 생명체가 살 정도의 지구가 우리은하의 중심에 있어야 하는 것은 당연한 것입니다.

지구의 위치는 우리은하의 중심이 아닙니다.

우리은하에서 지구의 위치가 중심에 있지 않다는 것을 증명할 수 있습니까?

천체과학연구소의 나여기 박사님을 모셔서 우리은하의 특징과 우리은하에서 지구가 위치하는 장소에 대해 알아보도록 하겠습니다.

증인 요청을 받아들이겠습니다.

　　무테안경에 카리스마가 느껴지는 50대 초반의 남성이 은하수를 확대한 1미터가 넘는 사진을 두 손으로 들고 법정으로 들어왔다.

우리은하란 어떤 은하를 말하는 것입니까?

은하는 수많은 별들이 모여 있는 지역을 말합니다. 우리은하란 우리가 사는 태양계를 포함하고 있는 은하를 말하지요. 우리은하는 나선 모양의 팔을 가진 나선은하이고 지름이 10만 광년 정도이고 두께가 3만 광년 정도인 원판 모양입니다. 우리은하는 약 천억 개의 태양과 같은 별들과 그 별

들의 모임인 성단, 그리고 가스와 먼지로 이루어진 성운 그
리고 암흑 물질들로 이루어져 있지요. 우리은하와 비슷한
질량과 크기를 가진 은하로는 대표적으로 안드로메다은하
가 있습니다.

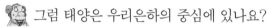 그럼 태양은 우리은하의 중심에 있나요?

아닙니다. 태양은 우리은하의 중심에서 약 3만 3천 광년 떨
어져 있습니다.

상당히 떨어져 있군요. 그럼 은하도 움직이나요?

물론입니다. 은하는 회전 운동을 하지요. 그러므로 태양도
은하의 중심 주위를 회전합니다. 태양이 은하의 중심을 한
바퀴 도는 데 걸리는 시간은 2억 5천만 년 정도이지요.

그럼 은하수란 무엇을 말합니까?

어두운 밤하늘을 보면 하늘을 가로질러 한쪽 지평선에서 반
대쪽 지평선으로 이어지는 희미한 흰색의 띠가 있지요? 이
것은 수십억 개의 별들이 만드는 우리은하의 일부분인데 이
것이 물처럼 흘러가는 것처럼 보여 은하수라고 부릅니다.
은하수는 한여름에 백조자리 근처에서 더 잘 보이고 북반구
보다는 남반구에서 더 잘 보이며 구름이 없을 때 더 잘 보입
니다.

망원경으로 은하수를 최초로 관측한 사람은 갈릴레이입니
다. 갈릴레이는 은하수가 아주 많은 별들로 이루어져 있다

는 것을 처음으로 알아냈지요. 바로 이 은하수가 우리은하
에서 대부분의 별들이 빽빽하게 모여 있는 곳입니다. 태양
이 우리은하의 중심에 있지 않기 때문에 우리는 은하의 중
심에 있는 많은 별들의 모임인 은하수를 보게 되지요.

은하의 중심에 있지 않다는 사실이 아름다운 은하수를 볼
수 있는 이유였군요. 은하의 중심에 있었다면 참으로 아쉬
울 뻔했습니다. 지구는 태양계에 속한 행성으로서 은하의
중심에서 약 3만 3천 광년 떨어진 나선 팔에 위치한다는 것
을 알 수 있었습니다. 은하의 중심에 지구가 있다는 잘못된
사실을 유포함으로써 많은 문제가 만들어질 수 있습니다.
사이비 종교 단체에서 사실과 다른 말을 공개적으로 떠들고
다니는 행위를 금지하도록 해야 할 것입니다.

사실과 다른 말을 사실인 것처럼 말하는 행위는 다른 사람
에게 피해를 줄 수 있으며 판단력을 흐리는 작용을 할 수도
있습니다. 지구는 은하의 중심에서 약 3만 광년 떨어진 곳에
위치하며 은하의 중심에 지구가 있다는 말은 잘못된 것입니
다. 따라서 종교 단체에서는 사실과 다른 말을 공공연하게
발설하는 것을 자제해야 할 것입니다. 이상으로 재판을 마
치도록 하겠습니다.

재판이 끝난 후, 사이비 종교의 교주였던 김명석은 그제야 정

신을 차리고 교주 자리에서 물러났다. 그 후 김명석은 개과천선
하여 부지런하게 자신의 연구에 몰두했고, 얼마 후에는 다시 학
회의 회원으로 받아들여졌다.

 은하수

은하수는 흔히 밀키웨이라고 부른다. 이것은 '우유가 흘러가는 길'이라는 뜻인데 다음과 같은 그리
스 신화에서 유래되었다. 제우스와 그의 연인인 알크메네 사이에서 헤라클레스라는 남자아이가 태
어났다. 헤라클레스는 신인 아버지와 인간인 어머니의 자식이라 언젠가는 죽을 수밖에 없는 운명이
었다. 이것을 고민한 제우스는 아이에게 아내인 헤라의 젖을 먹게 했다. 그러나 제우스의 바람기에
화가 난 헤라는 아이를 멀리 밀쳐내고 그 순간 젖이 헤라로부터 뿜어 나와 삽시간에 하늘을 뒤덮었
는데 그것이 바로 은하수가 되었다고 그리스 사람들은 믿었다.

은하는 나선 모양만 있나요?

은하의 모양은 몇 가지나 될까요?

사건속으로

'뿌웅~!'

"야, 방귀대장 뿡뿡이 너 또 방귀 꼈지?"

"방귀대장 뿡뿡이라니? 우리 이제 나이도 있는
데 그런 별명은 그만 좀 불러라. 응?"

"십년이 지나면 강산도 변한다는데, 십년이 지나도 변하지 않는
것이 있으니 바로 네 방귀 냄새렷다! 이젠 네 방귀 냄새만 맡아도
넌지 아닌지 구분할 수 있겠다. 하하하!"

"나도 그렇다니깐, 하하~! 이제 방귀도 꼈으니 좀 있으면 화장
실로 고고싱하겠군."

김싸개 씨는 남들에 비해 유난히 장 활동이 활발해서 시도 때도 없이 화장실을 들락날락거렸는데, 그 전 단계는 늘 방귀로 시작했던 것이다.

"동그란 공 모양의 은하, 이번엔 확실히 연구해서 우리의 논문을 인정받자고."

"그날 싸개가 뽕뽕거리지만 않으면 만사 오케인데 그치? 하하하!"

이들은 동그란 공 모양의 은하를 연구하는 천문학자들이었는데, 논문을 쓰기 위해 몇 달째 함께 모여서 연구를 하고 있었다. 거기다가 이들은 어릴 적부터 알고 지내던 절친들이라 즐거운 마음으로 연구에 임했다. 하루는 그들이 연구를 마치고 집으로 돌아가기 위해 버스를 탔다.

'뽀옹~!'

어디선가 방귀 소리와 함께 지독한 독가스가 흘러나왔고, 사람들의 표정이 굳기 시작했다. 직감적으로 이것이 김싸개 씨의 방귀라는 것을 알아챈 친구들은 부끄러운 마음이 들었고, 모두 고개를 푹 숙였다. 그런데 김싸개 씨는 계속 뽕뽕거리며 방귀를 끼기 시작했고, 사람들의 표정들은 더 찌그러졌다. 민망해진 친구들은 버스 창문을 열었지만 냄새는 쉽게 빠지지 않았다. 도저히 참을 수 없었던 김싸개 씨는 정류장에서 문이 열리자마자 쏜살같이 버스에서 튀어 나왔고 친구들도 그를 뒤따라갔다.

마침 패스트푸드점을 발견한 김싸개 씨는 그 안으로 뛰어 들어갔고, 뒤따라간 친구들은 한참 후에야 패스트푸드점에 도착했다.
그런데 일 분도 채 안 돼 김싸개 씨가 나오자 친구들은 의아하게
생각했다.

"너, 왜 이렇게 빨리 나왔어?"

김싸개 씨는 하얗게 질려서 허둥지둥 친구들을 데리고는 빨리
그곳을 도망치듯 나왔고, 영문을 모르는 친구들은 그저 따라 나올
수밖에 없었다.

"너, 똥을 제대로 싸고 나온 거야?"

"어? 어어어어……."

"얘가 왜 이래? 똥을 싸고 온 거야, 먹고 온 거야? 얼굴이 하얗
게 질려 가지고."

친구들은 부자연스러운 김싸개 씨의 모습에 뭔가 모르게 불안
한 마음이 들었지만 별일 아니라고 생각하고 다들 각자 집으로 헤
어졌다. 그렇게 일주일이 지났다. 김싸개 씨의 친구들은 일을 마
치고 집으로 가는 길에 햄버거가 먹고 싶어졌다.

"우리 햄버거 하나씩 땡기고 갈까?"

"좋지!"

그렇게 그들은 예전의 그 패스트푸드점으로 자연스럽게 들어가
게 되었다.

"나 잠깐 화장실 좀 갔다 올게."

화장실로 들어간 친구는 '타 지역 외부인 출입 금지'라는 팻말

을 보고는 종업원에게 갔다.

"저기요, 화장실 출입 금지인가요?"

"네, 며칠 전에 어떤 사람이 급하게 들어오더니 화장실을 쓰고 나갔거든요. 나중에 화장실에 가보니까 똥물이 역류해서 화장실이 엉망이 되어 있는 거예요. 완전 그거 치우다가 질식할 뻔했어요."

'질식? 하긴 질식한다는 얘기가 나올 만하지.'

그게 자신의 친구 김싸개 씨의 얘기라는 걸 눈치 챈 친구는 그날 왜 그의 얼굴이 하얗게 질렸는지, 왜 그가 그토록 서둘렀는지 이해할 수 있었다. 그리고 또 한 번 김싸개 씨의 똥 버릇을 실감할 수 있었다. 다음 날 그들은 김싸개 씨를 놀려 줘야겠다고 마음먹고 연구실로 향했다.

"김싸개, 우린 너의 비밀을 알고 있다!"

"뭐!??"

뜨끔해진 김싸개 씨는 그들과 눈을 마주치지 못했고, 계속 컴퓨터 화면을 뚫어져라 바라보며 열심히 일하는 척했다.

"짜식, 너 큰일 하나 치렀더라? 하하~! 사내자식이 뭘 그런 걸 가지고 숨기고 그러냐?"

그런데 컴퓨터 화면만을 바라보던 김싸개 씨의 표정이 한순간 굳어지기 시작했고, 방귀를 뀌어 대기 시작했다.

"애가 또 왜 이래? 또 역류시킬 준비 운동하고 있냐? 하하~!"

하지만 여전히 김싸개 씨의 표정은 심각했다.

"이것 좀 봐."

"어라, 이 자식 말 돌리는 것 좀 봐."

"아니야, 은하를 연구하는 학회에서 은하학회 탄생 100주년을 맞이해서 포스터를 제작했는데, 은하의 모양이 나선 모양이야."

"뭐!!!?"

사태의 심각성을 느낀 친구들은 컴퓨터 화면을 통해서 나선의 은하 모양이 그려진 포스터를 보게 됐다.

"이런 엉터리! 은하 모양이 왜 이래?"

"그러니깐 안 되겠어. 이러다가 우리의 연구가 하루아침에 물거품이 될지도 몰라. 얼른 은하학회에 전화해서 이의를 제기하자고!"

의견을 모은 이들은 은하학회에 전화를 하게 됐다.

"저기요, 저희는 동그란 공 모양의 은하를 연구하는 천문학자들인데요."

"네? 동그란 은하 모양의 공을 연구하는 천문학자라고요?"

"아니요! 동그란 공 모양의 은하를 연구하는 천문학자라고요."

"그게 그거지 뭘 그렇게 따지고 그래요? 그건 그렇고 왜 전화했어요?"

"100주년 기념으로 만든 포스터를 봤는데, 은하 모양이 나선형이더라고요. 공 모양의 은하를 연구하는 저희들로선 인정할 수가 없는데요. 공 모양의 은하도 포스터에 실어 줬음 해서요."

"무슨 소리예요, 지금? 이미 제작된 거라 바꿀 수가 없거든요. 그러니까 그만 끊어 주시겠어요?"

"뭐라고요? 제작된 거라 해도 엉터리면 말짱 도루묵 아니에요? 얼른 포스터를 바꿔 줘요!"

"억지 쓰지 말고 그냥 끊으세요!"

"억지라고? 이 사람들이 정말 안 되겠네. 좋은 말로 하려고 했더니 도저히 안 되겠어. 당신들을 지구법정에 고소할 거예요."

은하를 모양에 따라 나누면 나선은하, 타원은하, 불규칙 은하로 분류할 수 있습니다. 외부 은하의 60%가 나선은하이며 우리은하도 나선은하에 속합니다.

과학공화국
지구법정 8

은하의 모양은 몇 가지나 될까요?
지구법정에서 알아봅시다.

은하의 모양을 나선은하로 그려 놓은 포스터를 보고 나선은하만을 인정하는 것에 대해 반발의 목소리가 올라가고 있습니다. 어떤 종류의 은하가 있는지 알아보겠습니다.

 재판을 시작하겠습니다. 은하의 모양은 어떨지 알아보겠습니다. 은하에 대한 변론을 해 주십시오. 먼저 피고 측 변론을 들어 보겠습니다.

 우리가 살고 있는 지구는 태양계에 속하며 태양계는 우리은하 안에 있습니다. 그리고 우리은하는 나선 모양을 하고 있으며 태양계는 나선 팔에 위치하고 있다고 합니다. 은하는 나선 모양을 가지는 특징을 인정해야 합니다.

 은하가 다른 형태를 하고 있더라도 나름대로 모양을 갖출 수 있지 않을까요?

 여러 가지 모양의 은하가 있다는 것은 은하의 형태를 어지럽히는 주장입니다. 따라서 은하는 안정적이며 나선 모양이어야 합니다.

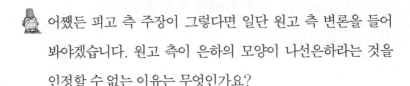 어쨌든 피고 측 주장이 그렇다면 일단 원고 측 변론을 들어 봐야겠습니다. 원고 측이 은하의 모양이 나선은하라는 것을 인정할 수 없는 이유는 무엇인가요?

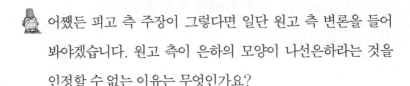 우리은하의 모양이 나선 모양인 것은 알지만 은하가 꼭 나선 모양만을 가져야 하는 것은 아닙니다.

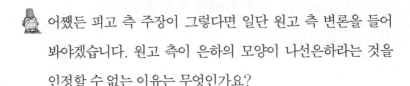 은하의 모양이 여러 가지라는 의미인가요?

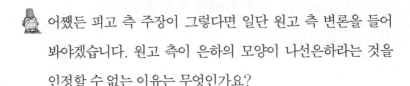 은하의 모양에 대해 은하연구회의 정은하 박사님을 증인으로 모셔서 말씀 들어 보도록 하겠습니다.

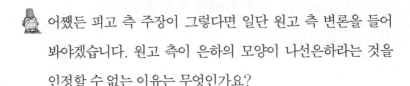 증인 요청을 받아들이겠습니다.

온몸이 은하 그림으로 덮여진 원피스를 입은 50대 중반의 여성이 증인석에 앉았다.

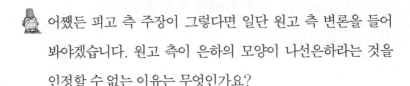 우리은하는 어떻게 생겼습니까?

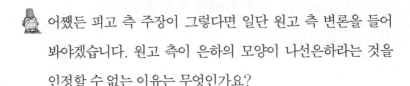 우리은하는 위에서 보면 나선은하처럼 되어 있고 옆에서 보면 원반형입니다. 지름은 약 10만 광년이고 중심부의 두께가 약 1.5광년이며 태양과 같은 항성이 약 2,000억 개 들어 있습니다. 특히 우리 태양계는 우리은하의 나선 팔에 위치하고 있습니다.

 우주에는 우리은하뿐 아니라 다른 은하들도 있다고 알고 있는데 다른 은하도 우리은하처럼 나선 모양입니까?

 나선 모양인 것도 있고 아닌 것도 있습니다.

 은하의 종류가 많은가 봅니다. 은하의 종류에는 어떤 것들이 있습니까?

 은하의 형태를 은하의 모양에 따라 나누면 나선은하, 타원은하, 불규칙 은하로 분류합니다. 나선은하는 다시 정상나선은하와 막대나선은하로 분류하고 정상나선은하와 막대나선은하는 팔이 두 개 달려 있는데, 이것이 얼마나 은하 중심을 감싸느냐에 따라 그 등급을 매기고 타원은하는 원형에서 얼마나 납작해져 있는가를 등급으로 매깁니다. 또한 정상나선은하는 기호 S를 사용하고, 막대나선은하는 기호 SB를 사용하여, 팔이 길고 더 많이 은하를 감쌀수록 a, b, c를 붙입니다. 타원은하는 기호 E를 사용하고, 완전한 구일 때 0을, 찌그러질수록 1, 2, 3에서 7까지 번호를 매깁니다.

| 막대나선은하 | 정상나선은하 | 타원은하 | 불규칙은하 |

 각각의 은하의 특징은 어떻습니까?

 타원은하는 타원체로 생긴 은하이고 마치 나선은하의 핵과 같이 보일 뿐 나선 팔이 없습니다. 외부 은하 중 가장 많은 것이 타원은하인데 납작한 타원형이 아니라 두꺼운 타원체라는 사실로 보아, 타원은하의 회전 속도는 대단히 느립니다. 나선은하는 정상나선은하 S와 빗장나선은하 SB로 나눌 수 있는데 중심에 핵을 가진 원반형의 모양으로 여러 가지 형태의 나선 팔을 갖고 있으며 흔히 은하면에는 가스 성운이 검게 나타납니다. 큰 외부 은하의 약 60%가 나선은하이며, 우리은하 노 이에 속합니다. 불규칙 은하는 모양이 불규칙한데 남반구에서 볼 수 있는 큰 마젤란 성운과 작은 마젤란 성운이 불규칙 은하에 속합니다. 불규칙 은하는 전체 은하의 약 3% 정도입니다.

이러한 은하 이외에 전파은하도 있습니다. 전파 망원경에 의해 대단히 강한 전파를 내는 외부 은하가 발견되었는데, 이것을 전파은하라고 하며 보통 은하가 발생시키는 전파보다 약 100 배의 강한 전파를 냅니다. 전파은하가 생긴 원인으로는 대개 두 개의 은하가 충돌하기 때문이라 생각되며 또 하나의 원인으로는 핵이 폭발하여 강한 전파를 내는 것으로 생각됩니다.

다양한 은하의 종류를 알아보았습니다. 우리은하는 나선 모양으로 생겼지만 나선 모양만이 은하의 형태라고 단정 지을 수 없으며 타원 모양이나 불규칙한 모양을 가진 은하들도 존재한다는 것을 알 수 있었습니다. 따라서 은하학회는 나선은

하뿐 아니라 여러 은하들을 연구하는 목적을 가졌으므로 포스터에는 여러 모양의 은하 그림을 그려 놓아야 한다고 주장합니다.

 여러 가지 은하의 종류에 대해 설명을 들었습니다. 나선은하뿐 아니라 여러 모양을 가진 은하를 보면서 은하는 나선 모양뿐 아니라 다양하다는 것을 알 수 있었습니다. 나선은하만이 은하의 모양이라고 주장하는 것은 옳지 못합니다. 따라서 포스터의 은하 그림에는 여러 모양의 은하를 그려 넣는 것이 좋겠습니다. 이상으로 재판을 마치도록 하겠습니다.

재판이 끝난 후, 포스터에는 나선은하뿐 아니라 다른 여러 모양의 은하들이 만들어졌다. 은하 사건이 끝나고 나자 김싸개 씨의 친구는 잊고 있었던 패스트푸드점 화장실 사건을 떠올렸고, 겨우 그 사건을 잊게 했던 김싸개 씨는 한동안 부끄러워 얼굴을 들 수가 없었다.

 우리은하와 안드로메다은하의 비교

우리은하와 안드로메다은하는 모두 나선 팔을 가지고 있는 나선은하이다. 하지만 우리은하가 4개의 나선 팔을 가지고 있는 반면 안드로메다은하는 7개의 나선 팔을 가지고 있다. 또한 크기는 안드로메다은하가 지름 26만 광년으로 우리은하의 지름(10만 광년)보다 두 배 이상 크다. 하지만 안드로메다은하는 우리은하보다 가볍다. 즉 우리은하가 안드로메다은하보다는 밀도가 높다.

우주가 커지나요?

우주의 팽창 속도를 알면 우주의 나이를 측정할 수 있을까요?

"네 여자 친구는 뭘 해도 예쁜 거 같아."

"당연하지. 누구 여자 친군데? 하하하!"

"어떻게 너 같은 얼굴에 저런 애를 만났는지. 아무리 돈만 있으면 못할 게 없는 세상이라지만……"

"어쭈구리, 형한테 덤벼? 그래도 난 얼굴 빼고 다 되지 않냐? 하하하!"

돈마나 씨와는 다르게 그의 여자 친구는 얼굴도 예쁘고 늘씬했는데, 그런 돈마나 씨를 주위 친구들은 늘 부러워했다. 그러던 중 돈마나 씨와 그의 친구 김시샘 씨는 여름을 맞아 커플끼리 바닷가에 놀러 가게 됐다.

"우리 바다에 왔으니까 물놀이하러 가자."

"근데, 나 몸이 좀 안 좋아서 물속에는 못 들어갈 거 같아."

"갑자기 왜 몸이 안 좋은 거야? 그래도 여기까지 왔는데 물속에 못 들어가면 정말 아쉬울 텐데."

"그래, 장빨 씨도 우리랑 다 같이 물놀이해요."

멀쩡하던 화장빨 양은 물놀이를 하자는 말에 갑자기 몸이 아프다며 물속에 들어가길 꺼려했다.

"아니에요, 난 밖에서 그냥 구경하고 있을 테니 다들 재미있게 놀아요."

사람들은 화장빨 양에게 물놀이를 하자고 재촉했지만, 화장빨 양은 끝까지 몸이 아프다는 핑계를 대며 파라솔 밑에 혼자 앉아 친구들이 노는 것을 구경했다.

'휴우, 큰일 날 뻔했네. 물속에 들어가면 화장이 지워질 게 뻔한데 어떻게 물속에 들어가? 안 되지, 안 돼.'

사실 화장빨 양은 두께 2cm의 화장빨 미인이었다. 그래서 늘 화장이 지워지지 않게 조심했는데, 그런 화장빨 양에게 물은 절대 가까이 해서는 안 될 존재와도 같았다. 그렇게 한 고비를 넘기고 밤이 되어서 모두들 씻고 캠프파이어를 하러 야외에 모였다.

"장빨아, 너 안 씻어?"

"씻은 건데?"

"근데 왜 세수는 안 한 거야? 땀 많이 안 흘렸어?"

"호호, 땀은 무슨! 난 원래 한여름에도 땀 많이 안 흘리잖아. 그리고 난 원래 밖에 나오면 세수 잘 안 해."

"그래?"

돈마나 씨는 화장빨 양이 세수를 하지 않아서 이상하게 생각했지만, 그래도 그에겐 예쁘기만 한 그녀였다. 어느덧 시간이 많이 흘러 돈마나 씨와 화장빨 양은 드디어 결혼을 하게 됐다.

"돈마나, 네 신부 진짜 니무 예쁘다."

"그러게, 완전 천사가 따로 없네. 저런 여자가 너랑도 결혼을 해 주는구나."

"뭐? 하하하~!"

하객들은 하나같이 화장빨 양의 미모를 칭찬했고, 돈마나 씨는 뿌듯한 마음이 들었다. 그렇게 식을 무사히 마친 화장빨 양과 돈마나 씨는 신혼여행을 떠나게 됐고, 두근거리는 첫날밤을 맞이하게 됐다.

"자기 먼저 씻고 와."

"그럴까?"

돈마나 씨가 먼저 샤워를 하고 화장빨 양이 씻고 오기를 기다리고 있었다. 잠시 후 화장빨 양이 샤워를 하고 나왔다.

'두두둥~!'

화장빨 양의 두껍던 화장이 지워지면서 마침내 초췌한 쌩얼이

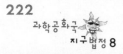

드러나는 역사적인 순간이었다. 돈마나 씨는 화장빨 양을 보는 순간 심장이 철렁 내려앉는 듯한 느낌을 받았다.

"누구, 누구세요?"

"자기야, 나야."

"뭐? 정말 당신이야? 정말 장빨이란 말이야? 우리 천사 같던 장빨이?"

아까와는 전혀 다른, 처음 보는 화장빨 양의 쌩얼에 속았다고 생각한 돈마나 씨는 심한 충격에 휩싸였다.

'속았다, 속았어. 흑흑~! 저게 다 화장발이었다니! 그래, 그냥 마음 접고 우주 관측이나 열심히 하자.'

심한 충격을 받은 돈마나 씨는 이렇게 다짐을 했고, 그날 이후로 우주 관측에 도취되어 집에도 잘 들어오지 않았다.

어느 날 돈마나 씨는 덥수룩한 수염과 지저분한 머리를 한 채일주일 만에 집으로 들어가게 되었다. 일주일 만에 거지꼴로 들어온 돈마나 씨를 보고 기가 막힌 화장빨 양은 도저히 참을 수 없다는 생각이 들었다.

"더 이상 당신 같은 사람이랑 못살아. 우리 이혼해."

"뭐?"

"우리 이혼하자고. 결혼하면 내 손에 물 한 방울 안 묻히게 해주겠다더니, 집에도 잘 안 들어오고 이게 뭐야? 완전 속았어."

"속았다고? 지금 누가 누구 보고 속았다고 그러는 거야? 속은 사람은 네가 아니라 나거든. 네 화장발에 속은 내가 바보지."

화장빨 양은 이런 식으로 나오면 돈마나 씨가 반성을 하고 가정에 충실해질 거라고 생각했지만, 돈마나 씨는 오히려 뻔뻔하게 나왔고 결국 그 둘은 이혼을 하게 되었다.

그렇게 이혼을 하고 쓸쓸하게 혼자 살던 돈마나 씨는 안드로메다의 별이 우리로부터 멀어지는 걸 보고는 두 은하가 멀어지는 건 우주가 팽창하는 증거라는 생각이 들었다. 그리고 이것을 연구하여 논문을 써서 학회에서 발표를 하게 됐다.

"안드로메다의 별이 우리로부터 멀어지는 건 우주가 팽창하는 증거입니다. 그래서 저는 우주 팽창으로부터 우주의 나이를 결정했습니다."

자신만만했던 돈마나 씨는 자신이 이 논문을 발표함으로 인해서 온 세계에 큰 파장을 불러일으킬 거라고 생각하고 있었다. 그리고 자신의 논문을 사이언스 잡지에 실어 줄 것을 부탁했다.

"돈마나 씨 어쩌죠? 돈마나 씨의 주장은 터무니없는 것이라서 잡지에 실을 수조차 없군요."

"뭐요? 그럴 리가 없어요. 아주 획기적인 발상이잖아요."

"획기적이라기보다는 말이 안 되는 발상이죠."

"얼마야, 얼마면 되겠어?"

"뭐, 이런 사람이 다 있어? 어쨌든 실을 수 없으니까 그렇게 아시오."

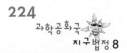

돈마나 씨는 끈질기게 자신의 학설을 퍼뜨리기 위해 노력했지만 누구 하나 관심을 보이는 이가 없었다. 그렇게 사람들의 무관심 속에서 힘을 잃어 가던 돈마나 씨는 도저히 이렇게 당하고 있을 수만은 없다고 생각했고, 지구법정에 의뢰를 하게 됐다.

빅뱅(Big Bang) 이론은 작은 점으로부터 우주가 시작되었으며
이 점이 폭발하면서 현재 존재하는 은하와 별, 행성들을 이루었다고 보는
이론입니다.

우주의 나이를 측정할 수 있을까요?
지구법정에서 알아봅시다.

돈마나 씨의 논문을 사이언스 잡지에 실을
수 없다고 합니다. 우주 팽창으로부터 우주의
나이를 측정할 수 있다는 돈마나 씨의 주장은
사실일까요?

 재판을 시작하겠습니다. 안드로메다은하와 우리은하가 서
로 멀어지는 것과 우주 팽창으로부터 우주의 나이를 구할
수 있는지에 관한 재판을 시작하겠습니다. 피고 측 변론해
주십시오.

 우주가 팽창한다는 것도 인정할 수 없지만 우주가 팽창한다
고 하더라도 팽창으로부터 우주의 나이를 측정할 수 있다는
것은 불가능하다고 봅니다. 우주가 팽창한다는 것이 우주가
태어난 것을 알려 준다고 볼 수 없습니다.

 우주가 처음에 태어나면서부터 팽창하기 시작했고 팽창하는
속도를 밝혀낼 수 있다면 지금까지 팽창한 것을 거슬러 올라
가면 나이를 알 수 있지 않을까요?

 그렇다면 팽창 속도를 측정할 수 있다는 건가요?

그 부분은 원고 측의 주장을 들어 봐야겠습니다. 원고 측은 우주가 팽창한다고 주장할 만한 증거를 가지고 있습니까?

우주의 팽창에 대한 전문가를 모셔서 말씀드리겠습니다. 우주과학 연구소의 강팽창 소장님을 증인으로 요청합니다.

증인 요청을 받아들이겠습니다.

허리둘레가 40인치가 넘는 50대 중반의 남성은 주체할 수 없는 살 때문에 눈이 파묻힐 것 같았다.

우주가 팽창하는 것이 사실입니까?

그렇습니다. 우주는 팽창하고 있습니다.

안드로메다은하는 어떤 은하인가요?

안드로메다자리 쪽에 있는 은하이며 우리은하처럼 나선은하에 속합니다. 밝기는 5등급 정도 되고 지구에서 200만 광년 떨어져 있습니다. 지름은 우리은하와 같이 10만 광년이 넘는데 우리은하보다 약간 큽니다.

안드로메다은하와 우리은하가 갈수록 멀어지는 것으로부터 우주가 팽창한다는 것을 알 수 있나요?

우주가 팽창한다는 것은 사실이지만 안드로메다은하와 우리은하는 가까워지고 있습니다.

우주가 팽창하는데 왜 가까워지나요?

우주 팽창은 은하 단위 이상일 때에 적용됩니다. 따라서 우주가 팽창한다고 행성들 간의 거리가 멀어지는 영향은 없습니다. 전체적으로 은하들을 봤을 때 대부분의 은하들이 우리은하로부터 멀어지는 것이 맞지만, 근접한 은하들의 경우 우주의 팽창으로 인해 멀어지는 것보다 상호 간 인력이 더 강해서 안드로메다은하와 우리은하와 같이 접근하는 경우도 있습니다. 안드로메다은하는 초속 275km의 속도로 다가오고 있고 그 거리가 약 200만 광년이라고 합니다.

우주의 팽창으로부터 우주의 나이를 구할 수 있습니까?

우주는 작은 점에서 시작되었으며 이 점이 폭발하면서 현재 존재하는 은하, 별, 행성들을 이루었다고 보는 것이 빅뱅(Big Bang) 이론입니다. 이 이론이 제시된 이후로 끊임없이 우주의 나이에 대한 논란을 벌여 왔습니다. 그 폭발은 지금도 계속되고 있으며, 따라서 우주 내의 모든 것들이 이 점으로부터 멀어져 가고 있다는 것을 관측을 통해서 알 수 있다는 것입니다. 이 폭발에 의한 팽창 속도를 잴 수만 있다면, 얼마나 오래전에 폭발이 시작되었는지를 알 수 있습니다.

우주가 팽창하는 속도를 측정할 수 있습니까?

은하가 얼마나 빨리 움직이고 있는지는 '적색편이'라고 불리는 빛의 굴절을 이용하면 쉽게 측정될 수 있습니다. 적색편이는 움직이는 기차가 통과할 때 그것이 내는 소리가 높아졌다 떨어지는 도플러 효과와 유사한 것입니다. 이런 모든 측정들을 이용해서, 허블 상수를 계산해 냈으며 이 허블 상수가 우주의 팽창속도 파악과 그로 인한 우주의 나이 계산에 있어 열쇠가 되는 것입니다. 허블 상수로부터 우주의 나이가 최소한 130억 년이 된다는 것을 알 수 있습니다. 130억 년은 최소로 잡은 우주의 나이이며 가장 오래된 별들의 나이가 120억 년인 것을 고려한다면 130억 년은 겨우 별들을 생성할 만한 시간밖에 안 되는 셈입니다.

우주는 폭발 이후 계속 팽창하고 있으며 우주 내의 모든 것들이 멀어져 가고 있다는 것을 관측으로부터 알 수 있다고 합니다. 따라서 우주는 팽창하는 것이 사실이며 우주의 팽창으로부터 우주의 나이가 130억 년 이상이라는 것을 알 수 있습니다.

안드로메다은하는 우리은하와 가까워지고 있다고 합니다. 따라서 원고의 주장이 무조건 옳다고 볼 수는 없지만 우주가 팽창하고 있다는 사실과 팽창으로부터 우주의 나이를 구할 수 있음이 증명되었으므로 사이언스 잡지는 원고의 논문을 인정해야 합니다. 우주의 나이를 측정할 수 있을 정도의 과학 기술이 발달했음에 더욱 놀랍습니다. 과학 기술이 더욱 발전하기를 기대하며 이상으로 재판을 마치겠습니다.

재판이 끝난 후, 비록 반은 맞고 반은 틀렸지만 잡지사에서는 잘못된 부분을 수정해 오면 돈마나 씨의 논문을 잡지에 실어 주기로 했다. 수정본이 잡지에 실리면서 돈마나 씨는 유명해졌고, 그 것을 보고 다시 찾아온 화장빨 씨와 돈마나 씨는 서로의 잘못을 인정하고 양보하며 다시 한 번 사랑하기로 했다.

1광년

1광년은 빛의 속력으로 1년 동안 간 거리이다. 1년은 365일이고 하루는 24시간이며 한 시간은 3,600초이다. 그러므로 1년을 초로 바꾸면 1년 = 365 × 24 × 3600 = 31,536,000(초)이므로 1광년은 빛의 속력에 1년을 초로 바꾼 값을 곱해 얻어진다. 즉 다음과 같다.

1광년 = 300,000 × 31,536,000 = 9,460,800,000,000,000(km)

과학성적 끌어올리기

우리은하의 모습

허셜은 1782년 영국의 왕실 천문학자로 임명되었습니다. 이때부터 그는 음악가로서의 길을 접고 천문학 연구에만 주력하게 되었습니다. 우주에는 수많은 별들이 있습니다. 별은 우주를 이루는 성간 물질들이 뭉쳐서 만들어지지요. 성간 물질의 주성분은 가벼운 수소 기체입니다. 그래서 모든 별들은 주로 수소로 이루어져 있습니다.

그렇다면 우주에는 별들이 골고루 분포되어 있을까요? 그렇지는 않습니다. 많은 별들이 모여 있는 곳이 있는가 하면 또 어떤 지역에는 별이 하나도 없는 지역도 있습니다. 많은 별들이 모여 있어 마치 별들의 섬처럼 보이는 곳을 은하라고 부릅니다. 태양도 다른 많은 별들과 함께 은하 속에 있는데 태양이 속해 있는 은하를 우리은하라고 부릅니다.

허셜은 우리은하가 어떻게 생겼는지를 처음으로 알아냈습니다. 허셜이 어떻게 수많은 별들로 이루어진 우리은하의 모습을 알 수 있었을까요?

1785년 허셜은 밤하늘을 여러 부분으로 나누어 각 부분의 별의 수와 별의 움직임을 기록했습니다. 이것은 우리은하의 모습을 알기 위해서였습니다.

여러분이 나무들이 울창한 숲속에 있다고 해 보죠. 이때 숲의 모양이 어떤 모습인지를 어떻게 알 수 있을까요? 자신의 위치에서 여러 방향으로 나무의 수들을 헤아리면 숲의 모습을 알 수 있습니다. 이때 숲은 은하로, 나무들은 별로 비유할 수 있지요.

숲에서 여러 방향으로 나무를 보면 수평 방향으로는 나무들이 빽빽하지만 머리 위로는 나무가 없습니다. 그러므로 숲의 모양은 바닥에 붙어 있는 납작한 모양이 됩니다. 허셜의 관측도 이와 비슷했습니다. 어떤 방향으로는 빙 둘러 별들이 빽빽하게 늘어서 있지만 그와 수직인 방향으로는 별들이 드물었습니다. 이 관측으로부터 우리은하가 납작한 원반 모양이라는 것을 알아냈습니다.

은하수

갈릴레이, 은하수를 발견하다

어두운 밤하늘을 보면 하늘을 가로질러 한쪽 지평선에서 반대쪽 지평선으로 이어지는 희미한 흰색의 띠가 있지요? 이것은 수십억 개의 별들이 만드는 우리은하의 일부분인데 이것이 물처럼 흘러가는 것처럼 보여 은하수라고 부릅니다. 은하수는 한여름에 백조자리 근처에서 더 잘 보이고 북반구보다는 남반구에서 더 잘 보이며 구름이 없을 때 더 잘 보입니다. 망원경으로 은하수를 최초로 관측한 사람은 갈릴레이입니다. 갈릴레이는 은하수가 아주 많은 별들로 이루어져 있다는 것을 처음으로 알아냈지요.

바로 이 은하수가 허셜의 관측에서 대부분의 별들이 빽빽하게 모여 있는 곳입니다. 그 후 천문학자 샤플리에 의해 원반의 중심에는 별들이 빽빽하게 모여 있고 중심에서 먼 곳에는 별들이 드문드문 놓여 있다는 것이 알려졌습니다. 태양은 우리은하의 중심에 있지 않기 때문에 우리는 은하의 중심에 있는 많은 별들의 모임인 은하수를 보게 되지요.

은하의 크기를 나타낼 때는 광년이라는 단위를 사용하는데 1광년은 빛의 속력으로 일 년 동안 움직인 거리를 말합니다.

우주에 관한 사건

시컴둥이 성운

별들의 요람이라고 불리는 성운 중에 과연 어두운 성운도 존재할까요?

"지금까지 몇 명 모집한 거야?"

"두 명."

"뭐? 겨우 두 명? 지금 반장 부반장 모집하니? 두 명 가지고 뭘 하겠다고?"

"우리 동아리가 너무 피알이 안 돼서 사람들이 잘 모르나봐."

"회장 형이 알면 우린 죽은 목숨인 거 알지?"

"그러게, 큰일인데."

우주 관측 동아리인 별난 사람들 회원들은 신입 회원을 모집하기 위해서 대학교 캠퍼스 한 모퉁이에 천막을 치고 앉아 있었다.

몇 시간을 죽치고 앉아 있었는데 신입 회원은 겨우 두 명밖에 없었고, 안 되겠다고 생각한 고학년들은 무슨 수를 써서라도 회원을 끌어들여야겠다고 마음먹었다.

"2학년 기상, 기상!"

선배들이 군기를 잡자 2학년 회원들이 벌떡 자리에서 일어났다.

"지금까지 겨우 두 명밖에 가입하지 않았다. 우리 별난 사람들 이거밖에 안 되나?"

"아닙니다."

"좋다. 그럼 지금부터 내 인생에 있어서 더 이상 이렇게 웃길 수는 없다 싶을 정도로 망가져 본다. 잘할 수 있겠지?"

"넵!"

잠시 후 2학년 회원들은 노래를 부르며 막춤을 추기 시작했고, 지나가던 사람들이 하나 둘씩 모여들기 시작했다.

"어머, 저거 뭐야?"

"글쎄, 약 팔러 왔나? 엄청 웃기는데 구경하고 가자."

사람들이 몰려들자 나머지 회원들은 그때를 틈타서 별난 사람들 우주 관측 동아리에 대해 홍보를 해 신입 회원들을 가입시켰다. 저녁 무렵이 되자 예상 인원보다 훨씬 많은 수의 신입 회원들이 가입을 했고, 여기에 만족한 회원들은 집에 가려고 짐을 정리하고 있었다. 그때 한 학생이 엉거주춤 다가왔다.

"저기요, 동아리에 가입하고 싶은데, 혹시 인원 꽉 찼나요?"

그 학생이 어리버리해 보이자 회원들은 장난기가 발동했다.

"우리 동아리에 들기 위해선 몇 가지 테스트를 해야 하는데, 우선 이 흰 러닝이랑 밀리터리 바지를 입으세요."

어리버리한 학생은 전혀 의심의 여지없이 시키는 대로 그 옷을 주섬주섬 갈아입고 나왔다.

"그럼 여기 앉으세요. 시력 검사를 하겠어요."

이 학생은 약간 이상한 생각이 들긴 했지만, 그래도 시키는 대로 했다.

"이제 키 한 번 재어 볼까요?"

줄자를 쫙 늘어뜨리더니 키를 재기 시작했다.

"음, 170. 좀 짧군요."

"저기, 전 키가 180인데요."

"그래서, 지금 이의를 다는 겁니까?"

갑자기 군기 섞인 말투를 하자 위압감을 느낀 어리버리한 학생은 아무 말도 못했다.

"마지막으로 면접을 보겠습니다. 별난 사람들 동아리에 들고 싶나요?"

갑자기 어리버리한 학생은 벌떡 일어났다.

"네! 꼭 들고 싶습니다."

"하하하하하~!"

주위 사람들은 마냥 웃기에 바빴다.

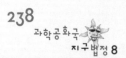

"보아 하니 신입생인 거 같은데, 우리 별난 사람들 동아리에 대해서 어떻게 알았죠?"

"아, 저희 형이 이 동아리 회장이거든요. 그래서 예전부터 형한테 얘기 많이 들었어요."

'두두둥~!'

그 순간 사람들은 뒤통수를 한 대 맞은 것 같은 충격을 받았고, 이 얘기를 들은 회장은 다음 날 회원 모두를 운동에 집합시켰더랬다.

그러던 어느 날 별난 사람들의 일 년 행사인 우주 사진 전시회가 코앞으로 다가왔다.

"이번엔 성운 사진들을 발표할 예정이거든. 너희들에게 미션을 주겠다. 성운 사진을 분류해서 전시하도록 해. 알겠니?"

"네."

그렇게 시간이 지나고 드디어 우주 사진 전시회가 열리게 됐다.

"오~! 오늘 다들 멋있게 입었는데?"

"근데 어리버리 넌 왜 정장 안 입었어?"

어리버리한 학생은 그저 웃을 뿐이었다.

"저기, 탈의실 들어가면 노란 양복 있거든. 그거라도 입어."

"네? 아, 아, 아니에요. 괜찮아요. 히히~!"

어리버리한 학생은 거절했지만, 사람들이 극구 추천하자 결국엔 혼자 노란 양복을 입고 나왔다. 잠시 후 사람들이 몰려들었고,

회원들은 바빠지기 시작했다.

특히 눈에 잘 띄는 노란 양복을 입은 어리버리한 학생은 사람들에게 계속 불려 다니며 이런저런 뒤치다꺼리를 하느라 쉴 새 없었다.

"오늘 완전 어리버리 인기 폭발인데? 하하하~!"

그렇게 정신없이 일을 하다가 잠시 쉬면서 서 있었는데, 한쪽에서 누군가가 어리버리한 학생을 불렀다.

"거기, 마스크맨!"

그러나 자신을 부른다고 생각지도 못한 이 학생은 그저 묵묵히 서 있었다.

"마스크맨이 귀가 먹었나? 마스크맨이 너무 도도한데? 어이, 마스크맨 양반!"

"저요?"

"그래, 마스크맨 당신 말이요."

그때서야 자신을 부른다는 걸 눈치 챈 어리버리한 학생은 손님에게로 다가갔다.

"성운이 컬러풀해야지 웬 시컴둥이야? 사진이 좀 이상하잖소!"

아무것도 모르는 신참인 이 학생은 제대로 대답을 못하고 그저 듣고만 있었는데, 손님은 자신의 물음에 제대로 대답을 해 주지 않자 화가 나기 시작했고 언성이 높아졌다.

결국 우주 사진 전시회가 엉망이 되자 '별난 사람들' 회원들은

어리버리한 신입 회원을 동아리에서 추방해야 한다는 데 의견을
모았다.

　한편 어렵게 동아리에 들어온 어리버리한 학생은 억울한 생각
이 들었고, 지구법정에 의뢰를 하기로 했다.

성운은 가스와 먼지 등으로 이루어진 대규모의 성간 물질로서 별들이 태어나는 곳이에요. 발광성운, 반사성운, 암흑성운, 반지모양성운 등으로 나눌 수 있어요.

과학공화국
지구법정 8

성운 중에 과연 어두운 성운도
존재할까요?
지구법정에서 알아봅시다.

성운은 컬러풀해야 한다는 손님의 말에 어리
버리한 학생이 당황했군요. 어두운 성운은 없는
걸까요? 지구법정에서 확인해 봐야겠어요.

 재판을 시작하겠습니다. 어두운 성운이 존재하지 않는지에
대한 의뢰가 들어왔습니다. 성운에 대한 변론을 들어보겠습
니다. 피고 측 변론하십시오.

 성운은 스스로 빛나거나 반사를 해서 아름답게 보입니다. 따
라서 성운 사진이라면 환하게 밝고 예쁘다고 느낄 수 있어야
합니다. 우주 사진 전시회의 어둡게 나온 성운 사진은 잘못
찍은 사진이거나 성운이 아닌 것으로 판단됩니다. 원고 측의
우주 사진 전시는 제대로 준비가 되지 않은 것이 명백하게 보
이는군요. 좀 더 계획성 있고 꼼꼼한 준비가 필요하다고 보입
니다.

 성운이 밝은 특성을 가졌다는 거군요. 어두운 성운은 성운이
아니거나 잘못 찍은 사진이라는 피고 측의 주장을 인정합니
까? 원고 측의 주장을 들어 보겠습니다.

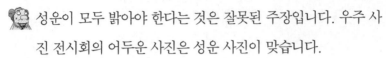 성운이 모두 밝아야 한다는 것은 잘못된 주장입니다. 우주 사진 전시회의 어두운 사진은 성운 사진이 맞습니다.

 성운 중에서 어두운 성운도 있습니까?

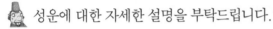 물론입니다. 밝은 성운도 있지만 어두운 성운도 있습니다. 어두운 성운도 성운의 한 부분을 차지하는 중요한 역할을 합니다.

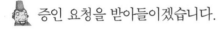 성운에 대한 자세한 설명을 부탁드립니다.

성운이란 무엇이며 성운은 어떤 특성을 가지는지 알아보겠습니다. 성운 전문가 박구름 박사님을 증인으로 요청합니다.

증인 요청을 받아들이겠습니다.

검은 망토를 두른 50대 남성이 눈이 보이지 않을 만큼의 검은 선글라스를 쓰고 증인석에 앉았다.

증인은 성운에 대해선 모르는 것이 거의 없을 텐데요. 무엇을 성운이라고 합니까?

성운은 가스와 먼지 등으로 이루어진 대규모의 성간 물질로 별들이 태어나는 곳입니다. 성간에는 성간 물질이라 불리는 많은 양의 가스와 먼지가 흩어져 있어 여러 가지 빛깔로 아름답게 빛납니다.

어두운 성운도 있습니까?

 물론 있습니다. 성운은 발광성운, 반사성운, 암흑성운, 반지
모양 성운으로 나눌 수 있습니다.

발광성운   반사성운   암흑성운   반지모양성운

 각각의 성운의 특징은 무엇입니까?

 발광성운은 방출성운이라고도 하며 가스와 먼지구름으로서
젊은 별이 태어나는 곳입니다. 이곳에서 태어난 별은 자외선
으로 빛을 내고 있기 때문에 별 주위의 가스도 반응하여 빛을
냅니다. 가스가 가장 많은 곳은 붉은색과 녹색이며 발광성운
의 종류에는 장미성운, 석호성운, 오리온성운 등이 있습니다.
반사성운은 자체적으로 빛을 내지 않으나 주위의 고온 항성
으로부터 받은 빛을 반사하여 마치 스스로 빛을 내는 것처럼
보이는 가스와 먼지로 이루어진 성운이며 주로 푸른색으로
보이지요. 마귀할멈성운, 플레이아데스성운 등이 여기에 속
합니다.

암흑성운은 성운 그 자체는 빛을 내지 않으나 배후의 별이나
발광 가스를 흡수하므로, 검은 덩어리 또는 띠로서 관측되기
때문에 발광성운과 반사성운은 빛나는 특징을 가지고 있어

밝고 아름답게 보이지만 암흑성운은 어둡게 보입니다. 가스의 밀도가 매우 높으므로 별이 탄생하기 적합한 장소이며 종류로는 말머리성운, 북아메리카성운 등이 있습니다. 전시관의 손님이 본 어두운 성운은 암흑성운이었습니다.

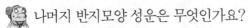 나머지 반지모양 성운은 무엇인가요?

반지모양 성운의 정식 명칭은 행성상성운이며 거성이 내뿜는 가스 껍질입니다. 행성과는 아무런 관계는 없지만, 관측 시 이 천체의 모습이 마치 천왕성이나 해왕성처럼 어둡고 녹색을 띤다고 해서 행성상성운이란 이름이 붙여진 것입니다. 가운데 백색왜성이 있고 여기서 나오는 에너지를 받아 성운이 빛을 냅니다. 거문고자리성운, 여우자리 아령형성운, 큰곰자리 부엉이성운 등이 있습니다.

성운이 어둡게 보이는 것은 잘못된 것이 아니라 배후의 별이나 발광 가스를 흡수하여 어둡게 보이는 암흑성운이었군요. 성운에 대해서 잘 알지 못하는 손님의 말 한마디에 원고가 동아리에서 강제 추방될 위기에 처하게 되었습니다. 따라서 이 사건의 경우 원고가 동아리에서 추방되어야 할 타당한 이유가 되지 못한다는 것을 주장합니다.

어두운 성운이 있을 수 없다는 손님의 생각이 원고를 궁지로 몰아넣었군요. 어두운 성운은 암흑성운으로 성운의 한 종류인 것을 알았습니다. 동아리 측에서는 원고를 강제 추방할 권

리를 행사할 만큼의 큰 이유가 되지 못
한다고 판단되므로 원고가 동아리 활동
을 계속 유지할 수 있도록 하십시오.

재판이 끝난 후 겨우 동아리에서 강제 추방
을 면한 어리버리는 더욱더 성실하게 동아리
활동을 했다. 그 모습을 본 한 예쁜 여학생이
어리버리한 학생에게 반해 동아리에 가입을
했고, 어리버리는 그 여학생과 교제를 하게
되었다. 그 후 예쁘고 똑 부러지는 어리버리
의 여자 친구 덕에 어리버리한 학생은 이제
더 이상 사람들에게 만만한 상대로 보이지 않
았다.

성운

성운은 거대한 먼지구름이다. 성
운은 별이 만들어지는 곳이므로
별들의 요람이라고도 한다. 성운
속의 성간 물질들이 한곳에 모이
면 별이 만들어진다. 지구에서
6,500만 광년 거리에 있는 황소
자리의 게성운에서는 지금도 수
많은 별들이 태어나고 있다.

지동설 vs 천동설

하늘이 돌기 때문에 별자리가 바뀌는 걸까요?

사건속으로

"당신, 준비 다 됐어?"

"옷만 입으면 돼. 근데 옷에 뭐가 묻은 거 같아."

"어디? 이거 어제 세탁해서 다림질해 놓은 건데

그새 뭐가 묻었나? 에이~! 괜찮아. 이렇게 조금 묻은 건 방송에

나가도 티도 안 나네요."

"그래도, 처음 방송 나가는 건데 신경 쓰인단 말이야."

"괜찮대도, 글쎄. 어서 나와서 밥이나 먹어."

평소에 소심한 나소심 씨는 옷에 묻은 작은 거 하나에도 절대

그냥 넘어 가는 법이 없었다.

"당신, 방송 나가려면 밥 많이 먹어야지. 많이 먹어."

하지만 나소심 씨는 불안한 듯 티도 안 날 정도로 작게 묻은 얼룩을 바라보며 밥을 깨작깨작 먹고 앉아 있었다. 이런 나소심 씨의 성격을 잘 아는 그의 아내는 남편을 안심시켜야겠다는 생각이 들었다.

"아휴~! 괜찮대도! 개미 눈물만큼 묻은 걸 갖고 뭘 그렇게 신경을 쓰고 그래?"

"개미가 눈물을 이렇게 많이 흘리냐? 개미가 대성통곡이라도 해서 홍수 난 거 같다."

"또 오버하긴. 그거 조금 묻었다고 아무도 뭐라 할 사람 없어. 그러니까 신경 쓰지 마."

"정말 티 안 나?"

"그렇대도. 우리 남편 짱!"

아내는 나소심 씨를 달랬지만 나소심 씨는 여전히 마음이 놓이지 않았다. 밥을 다 먹고 나소심 씨와 그의 아내는 방송국에 가기 위해 집을 나섰다.

"여보, 나 봐봐. 어때?"

"그레이트! 누구 남편인지 몰라도 멋있는걸."

"얼굴 말고."

"얼굴 말고? 그럼 어디?"

"얼룩 말이야. 어떠냐고."

"괜찮대도."

"아니야, 아무래도 안 되겠어. 갈아입고 와야지."

나소심 씨는 극도의 소심한 성격 때문에, 결국엔 옷을 갈아입고서야 방송국으로 출발할 수 있었다.

"여보, 나 떨려."

"그럴 줄 알고 내가 준비했지."

나소심 씨는 아내를 쳐다봤고, 아내는 방긋 웃으며 물과 함께 청심환을 남편에게 내밀었다.

"이거 먹어. 많이 먹으면 안 좋으니깐 반 알만 먹으면 될 거야."

나소심 씨는 아내의 말대로 반만 쪼개서 물과 함께 먹었다.

"여보, 그래도 나 떨려."

"괜찮아. 이거 원래 20분 정도 지나야 효과 나타나는 거야. 조금만 지나면 괜찮을 거야."

"나 손 잡아 줘."

소심한 나소심 씨는 방송 녹화 시간이 가까워지자 더욱더 떨리기 시작했고, 그와 그의 아내는 손을 꼭 잡은 채 대기실에서 기다렸다. 잠시 후 방송 녹화가 시작되었고, 나소심 씨는 떨리는 마음을 꾹 참으려 노력했다.

"시청자 여러분, 안녕하십니까? 오늘의 우주 토크쇼엔 저명한 우주 박사 나소심 박사님이 나와 계십니다. 나소심 박사님과 인사를 나눠 볼까요? 안녕하세요, 나소심 박사님!"

"네, 네, 네, 네~! 안녕하세요?"

나소심 씨의 말소리엔 떨림이 묻어 나왔다.

"저명한 우주 박사님께서 많이 떨리시나 봐요. 긴장을 푸는 의미에서 토마토 게임 한 판 할까요?"

"토마토 게임이요?"

"번갈아가면서 토 · 마 · 토를 외치면 되는 거예요. 저 먼저 합니다. 토!"

"마!"

"토!"

"토!"

"마!"

"토!"

"마!"

사회자가 틀렸고, 뽕망치로 한 대 맞았다. 이렇게 게임을 몇 번 하다 보니 어느새 소심한 나소심 씨도 긴장이 약간 풀렸다.

"그럼 본격적인 토크로 들어가겠는데요. 우주가 무한한지, 유한한지에 대해서 궁금해 하시는 분이 많잖아요. 박사님은 여기에 대해서 어떻게 생각하세요?"

"우주는 유한합니다. 우주의 끝은 천구이고 그곳에 별이 모두 붙어 있어요."

"만약 그렇다면, 왜 별자리가 바뀌는 거죠?"

"그건 바로 천구가 돌기 때문이죠."

"음…… 그럼 천구 밖은요?"

"천구 밖은 진공이라 아무것도 없죠."

그때 궁금증을 느낀 방청객이 손을 들었고 질문할 기회를 얻었다.

"그럼 천구에 사람이 가서 팔을 밖으로 뻗으면 제 팔은 없는 겁니까?"

예상치 못했던 갑작스런 질문에 나소심 씨 본연에 숨어 있던 소심한 마음이 올라왔고, 얼굴이 새빨개지기 시작했다. 그 다음부터 한마디도 할 수가 없었고, 망신을 당한 채 토크쇼가 끝나고 말았다. 방송이 끝난 나소심 씨는 망신을 당했다는 생각에 극도로 침울해졌고, 이를 본 그의 아내는 남편을 달랬다.

"괜찮아, 갑자기 물어보면 대답 못할 수도 있고 그런 거지."

"아니야, 아까 사람들이 다들 나를 비웃고 있는 것만 같았어."

"그렇게 생각하면 한도 끝도 없는 거야. 그냥 하하하 웃고 넘겨 버려."

"넌 인생이 그렇게 쉽니? 그 방송 엄마 아빠가 보면 뭐라고 생각하겠어? 그리고 친구들이 보면? 학회 사람들이 보면? 어휴, 이제 어떻게 얼굴 들고 다녀?"

나소심 씨의 아내는 계속 그를 달랬지만, 나소심 씨의 머릿속엔 하루 종일 그 생각이 떠나질 않았다.

"당신, 아직도 그 생각하고 있어? 그만 자. 자고 잊어."

"그래. 그냥 잊을게."

말로는 잊는다고 했지만, 나소심 씨는 잊을 수가 없었다. 나소심 씨는 이불을 둘러썼고, 잠이 들었다고 생각한 그의 아내는 이불을 똑바로 덮어 주기 위해 이불을 내렸다. 그 순간 나소심 씨가 벌떡 일어났다.

"곰곰이 생각해 봤는데, 나 도저히 못 참겠어. 궤변으로 나를 망신시킨 그 방청객을 지구법정에 고소하고 말 거야."

태양계의 중심은 태양이며 지구를 비롯한 별들이 태양을 중심으로
돌고 있다는 이론이 지동설입니다.

하늘이 돌기 때문에 별자리가
바뀌는 걸까요?
지구법정에서 알아봅시다.

천구에 별들이 붙어 있고 천구가 돌기 때문
에 별자리가 바뀐다는 나소심 씨의 이론이 정
말 사실일까요? 하늘이 돈다는 나소심 씨의 주
장에 대해 지구법정에서 알아보도록 하겠습니다.

 재판을 시작하겠습니다. 우주에 대한 강연 도중 방청객으로
부터 황당한 일을 당한 원고가 자신의 주장이 옳음을 밝히기
위해 의뢰를 했습니다. 원고의 주장에 대한 판결을 시작하도
록 하겠습니다. 원고 측 변론하십시오.

 한 방송국 토크쇼 프로그램에서 원고와 사회자 간의 대화 도
중에 한 방청객의 황당한 질문을 받았습니다. 황당한 질문을
받은 원고는 순간적으로 긴장한 나머지 답을 하지 못했기 때
문에 원고의 발언에 대해 다시 정리를 하고자 합니다.

 어떤 이론인지 말씀하십시오.

 우주는 유한하며 우주의 끝은 천구입니다. 천구는 우주의 끝
을 둘러싼 둥근 하늘이며 그곳에 별이 모두 붙어 있습니다.
천구는 조금씩 움직이면서 돌기 때문에 별자리도 바뀌는 것

이지요.

 그러면 지구는 가만히 있고 천구가 돌기 때문에 별자리가 보이는 것인가요?

 그렇습니다. 우주의 끝이 천구이므로 천구의 밖은 아무것도 없는 진공입니다. 하지만 천구가 아주 크기 때문에 천구의 끝까지 사람이 가려면 가는 도중에 목숨의 한계에 다다를 것입니다. 하하하!

 하늘이 돌기 때문에 별자리가 바뀐다는 원고의 주장은 천동설을 말하는 것인 듯합니다. 원고의 천동설에 대한 피고의 주장을 들어 보겠습니다. 피고 측은 천동설을 인정합니까?

 천동설을 인정할 수 없습니다. 천구는 가상적인 구이며 실제로는 천구가 도는 것이 아니라 태양을 중심으로 지구를 비롯한 행성이 도는 것입니다.

 태양을 중심으로 지구가 돈다는 주장에 대한 증거가 있습니까?

 태양계의 중심은 태양이며 지구와 행성들이 도는 근거에 대한 설명을 증인으로부터 들어 보도록 하겠습니다. 태양계 학회의 나큰별 학회장님을 증인으로 요청합니다.

 증인 요청을 받아들이겠습니다.

가슴에 큰 별 그림이 그려진 옷을 입은 50대 초반의 남성이 수성, 금성, 지구, 화성, 해왕성 등이 그려진 포

스터를 들고 증인석에 앉았다.

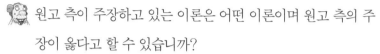 원고 측이 주장하고 있는 이론은 어떤 이론이며 원고 측의 주장이 옳다고 할 수 있습니까?

원고 측이 주장하는 이론은 천동설입니다. 천동설은 지구가 중심에 있고, 모든 별들이 지구를 중심으로 돈다는 이론입니다. 하지만 천동설은 틀린 주장입니다.

천동설이 틀렸다면 태양계는 어떤 운동을 합니까?

천동설이 죽은 이론이라고 한다면 지동설은 살아 있는 이론이지요. 지동설은 태양이 중심에 있고 지구를 비롯한 별들이 태양을 돌고 있다는 것으로서 실제 태양계의 운동을 설명할 수 있는 이론입니다. 옛날에는 오랫동안 천동설을 인정했지만 천동설이 틀렸다는 것을 알게 되었고 지동설을 인정하게 되었습니다.

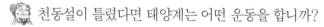 천동설이 어떻게 오랫동안 유지될 수 있었습니까?

별의 운동을 관찰할 때 천동설과 지동설 두 가지 방식으로 설명이 가능한 경우가 많습니다. 일주운동에 대한 천동설과 지동설의 설명을 보면 일단 두 가지 모두 일주운동에 대해서는 설명이 가능합니다. 천동설 같은 경우는 일주운동이 일어나는 원인에 대해 별들이 직접 지구 주위를 돌기 때문이라고 봅니다. 옛날 사람들 입장에서는 땅이 정지해 있고 별들이 움직

인다고 생각하는 것이 당연할 겁니다. 지동설의 경우는 반대로 설명합니다. 별이 움직이는 것처럼 보이지만 사실 별은 가만히 고정되어 있고, 지구가 움직이는 것이라고 말합니다. 하지만 이 거대한 땅이 우리도 모르게 움직이고 있고, 별은 정지해 있다는 사실이 옛날 사람들에게 쉽게 받아들여지기가 힘들었을 겁니다. 하지만 지구가 자전한다는 증거가 발견되면서 설명이 가능해졌죠.

옛날 사람들은 땅이 움직인다고 생각하기 힘들었다는 것이 이해되는군요. 하하하! 천동설과 지동설이 모두 가능한 경우가 또 있습니까?

금성이나 화성의 역행 현상 또한 천동설과 지동설로 각각 설명이 가능합니다. 천동설은 역행 현상을 설명하기 위해 주전원과 부전원이라는 개념을 도입합니다. 주전원이 지구를 중심으로 하는 큰 원이고, 부전원은 작은 원인데요, 즉 작은 원을 계속해서 그리면서 공전하는 것입니다. 그렇게 할 경우 뒤로 움직일 때도 있고 앞으로 움직일 때도 있기 때문에 역행 현상에 대한 설명이 가능합니다. 하지만 매우 부자연스럽고 복잡합니다. 지동설의 경우, 각 행성들 간의 공전 속도 차로 인해 자연스럽게 설명 가능합니다. 공전 속도가 다르니까 다른 행성을 추월해서 지구가 갈 경우 역행 현상이 일어나는 것처럼 보이는 것입니다.

그렇다면 어떻게 천동설은 틀린 이론이고 지동설이 옳은 이론인지 알 수 있었습니까?

천동설이 도태된 결정적인 이유는 바로 금성의 위상 변화를 설명하지 못했다는 점입니다. 천동설의 경우 금성이 태양 안쪽에서 지구를 공전하고 있기 때문에 금성의 크기가 변화하며 위상이 변화하는 것을 전혀 설명할 수 없습니다. 하지만 지동설의 경우 금성이 태양 뒤로 갈 때도 있고 태양 앞으로 올 때도 있기 때문에 크기 변화와 위상 변화 모두 설명이 가능하죠. 즉 금성의 위상 변화를 나타내기 위해서는 지동설의 궤도를 가져야 한다는 것입니다.

천동설과 지동설이 모두 설명이 가능한 때까지는 천동설이 계속 지지되다가 금성의 위상 변화를 설명하지 못하게 되자 더 이상 버틸 수 없었던 것 같군요. 지동설이 주장된다는 것은 천구가 돌지 않고 지구가 직접 돌기 때문에 별자리가 변하고 별들이 무한히 퍼져 있을 수 있는 것입니다. 따라서 우주가 유한하여 천구에 별이 붙어 있고 천구가 움직이기 때문에 별자리가 움직인다는 원고의 주장은 기각되어야 합니다.

우주의 천구에 별이 붙어 있고 천구가 움직인다면 설명될 수 없는 현상들이 나타날 수 있습니다. 현재는 지동설이 아주 당연한 것으로 인식되고 있으며 원고는 더 이상 자신의 주장을 내세워서는 안 될 것입니다. 이상으로 재판을 마치도록 하겠습니다.

재판이 끝난 후, 안 그래도 소심한 나소심 씨는 자신의 의견이
잘못된 것을 알자 더욱더 소심해졌다. 그 덕에 하루 종일 연구에
만 몰두하여 더 많은 지식을 얻을 수 있는 기회가 되었다.

브루노

이탈리아의 갈릴레이가 살던 시대에 브루노라는 물리학자가 있었다. 그는 우주가 유한하다는 천구
이론에 반기를 들어 무한 우주를 주장했고 또한 우리 우주 이외에도 많은 다른 우주가 있다고 주장
하다가 로마 교황청의 노여움을 사 종교 재판 후 사형에 처해졌다.

우주가 무한하다고요?

밤하늘의 별이 많을까요, 모래사장의 모래가 많을까요?

"수한아, 이번에 프로젝트 제의 들어왔는데 어떻게 할까 생각 중이야."

"프로젝트? 무슨 프로젝튼데?"

"로켓에 사람을 실어서 달로 보내는 프로젝튼데, 이게 구체적인 프로젝트 시나리오야."

"어디 보자."

구수한 씨는 친한 형 김우주 씨가 제의를 받았다는 프로젝트의 시나리오를 꼼꼼하게 읽어 봤다.

"그래서 형, 할 거야?"

"모르겠어. 고민 중인데, 아무래도 해야 할 거 같기도 하고."

"형, 로켓 프로젝트에는 더 이상 손 안 대기로 했잖아. 또 망하면 형은 끝이야 끝! 내가 진짜 형 생각해서 하는 말인데, 하지 마."

"아무래도 그렇지?"

구수한 씨는 완강하게 김우주 씨가 프로젝트에 참여하지 않도록 말렸고, 김우주 씨도 한 번의 실패로 인해 고민하던 차에 구수한 씨의 말을 듣기로 했다.

'띠리리리리리~ 띠리리리리~!'

어느 날 구수한 씨가 김우주 씨에게 전화를 했다.

"형, 우리 심해저 프로젝트 한번 해 보는 게 어때?"

"뭐, 심해저 프로젝트? 우린 우주 과학잔데, 어떻게 심해저 프로젝트를 해?"

"아, 진짜! 초록색이나 푸른색이나 그게 그거지. 형, 나 못 믿어? 이번이 기회야. 형, 나만 믿어."

구수한 씨의 추천으로 김우주 씨는 심해저 프로젝트에 참가하게 됐고, 몇 년간 열심히 준비했다. 그러던 어느 날, 자신들의 프로젝트에 오류가 있다는 판정이 났고, 프로젝트는 그대로 폐쇄 조치에 들어갔다.

"형, 우리 술이나 한잔 하러 가자."

"내 인생은 왜 이렇게 꼬이기만 하냐?"

"미안해, 형! 괜히 나 때문에……."

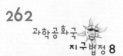

"그래, 우주가 바다에서 살겠다고? 흥, 흥, 흐흐흐흐~!"
구수한 씨와 김우주 씨는 허탈한 마음에 홀짝홀짝 술만 들이켰다.

"네, 뉴스 속보입니다. 어제 저녁 우주 과학자 삐리해 씨가 탄 로켓이 비밀리에 발사됐고, 현재 시간까지 무사하다는 통지를 받았다고 합니다. 이 프로젝트는 몇 년 전부터 진행되어 온 것으로, 인간 역사에 중요한 한 획을 긋는 사건이 아닐 수 없는데요. 이 일로 인해 삐리해 씨는 최초의 우주인이 되었습니다."

텔레비전을 통해서 우주 프로젝트가 성공을 했다는 속보가 흘러 나왔다.
"형, 저거 저번에 형이 하겠다던 프로젝트 아니야?"
"어, 그러네? 되씹어서 뭐하겠냐? 기분만 더러워지지."
"형, 미안해! 괜히 나 때문에."
"괜찮아, 네가 내 생각해서 그런 건데. 네 맘 다 알아."
김우주 씨는 한순간 억울한 생각이 들었지만, 구수한 씨가 자신을 위해서 그랬던 사실을 잘 알고 있던 터라 그냥 넘어 가기로 했다. 그러던 어느 날 김우주 씨에게 한 통의 팩스가 왔다.

김우주 씨, 만나고 싶습니다.

김우주 씨는 이 메시지를 누가 보냈는지 궁금한 생각이 들었고, 위험하겠단 생각이 들긴 했지만 특유의 모험 정신을 이기지 못하고 약속 장소에 나갔다.

"김우주 씨, 당신 예전에 심해저 프로젝트에 참여한 적 있죠?"

"그런데 누구세요?"

"우린 심해저를 사랑하는 사람들의 모임인 심사사예요. 물론 전부 과학자고요. 예전부터 프로젝트를 준비하고 있었는데, 당신이 합류해 줬으면 좋겠어요."

"제가요? 글쎄요. 생각을 좀 해 보고 연락드릴게요."

"시간이 없어요. 내일까지 당장 연락 주세요."

갑작스런 제의를 받은 김우주 씨는 혹시 구수한 씨도 이런 제의를 받았을지도 모른다는 생각이 들어 연락을 했다.

"아니, 난 그런 제의 못 받았는데."

"그래? 어쩐다?"

"형, 할 거야? 내가 보기엔 이제 심해저는 가망 없는 영역이야. 그렇게 큰 기업에서 연구비를 대 주는데도 망했잖아. 근데, 뭐? 심사사? 기업을 대학으로 치면 심사사 그건 동아리 아냐? 근데 하겠다고? 이건 정말 형을 위해서 하는 소린데, 그만둬."

구수한 씨의 얘기를 들은 김우주 씨는 예전의 악몽이 떠올랐고, 구수한 씨의 말대로 그 프로젝트에 참여하지 않겠다는 의사를 밝혔다.

그렇게 몇 년이 흐르고 우연히 신문을 보던 김우주 씨는 놀라서 까무러칠 뻔했다. 심사사에서 추진한 심해저 프로젝트가 세계 최초로 성공했다는 기사가 실렸기 때문이다.

'이놈의 화상, 다시는 내가 네 말을 듣나 봐라.'

이를 본 김우주 씨는 다시는 구수한 씨의 말을 듣지 말아야겠다는 다짐을 했다.

모든 것을 접고 연구에만 전념하던 김우주 씨는 우주가 무한하다면 어느 방향을 보아도 별이 있을 테니까 밤하늘이 환해야 한다는 생각이 들었고, 그렇기 때문에 우주는 유한하다는 생각이 들었다. 이 사실을 이번 학회에서 발표해야겠다고 마음먹고 구수한 씨에게 자문을 구했다.

"너, 이번에도 반대할 거냐?"

"형도 참…… 형 일이니까 이제 형 뜻대로 해. 잘될 거야. 이번엔 재기해야지?"

이번에는 예전과는 달리 구수한 씨가 반대하지 않고 순순히 김우주 씨의 생각을 밀어 주었다. 자신감을 얻은 김우주 씨는 학회에서 이와 같은 사실을 발표했고, 새로운 학설로 큰 화제가 되기 시작했다. 그런데 이를 못마땅하게 여긴 부류가 있었으니, 바로 무한우주학회였다. 무한우주학회선 우주가 유한하다는 김우주 씨의 생각을 인정할 수가 없었다.

"이렇게 보고만 있을 겁니까? 학계에서 우주가 유한하다는 주장을 인정해 주고 있는 분위기예요."

"그래요, 이렇게 가다간 정말 엉터리 같은 학설이 인정받고 말 거예요."

"맞아요, 조치를 취하지 않으면 그동안의 연구가 다 물거품이 돼 버릴 걸요."

"우리 이러지 말고 지구법정에 그 엉터리 작자를 고소해 버립시다."

우주는 150억 년 전에 탄생했고 계속 팽창하고 있습니다.
팽창하면서 수많은 별에서 나온 별빛 에너지를 사용하기 때문에
우주는 깜깜하답니다.

우주가 무한할까요?
지구법정에서 알아봅시다.

우주가 유한하다는 이론에 대한 반대 세력
이 있군요. 우주가 유한한지 무한한지 지구법
정에서 알아보도록 하겠습니다.

 재판을 시작하겠습니다. 우주가 유한한지 무한한지에 대한
결론을 내려야 합니다. 우주가 유한한지 무한한지에 대한 변
론을 해 주십시오. 먼저 원고 측 변론을 들어 보겠습니다.

 우주는 유한합니다. 만약 우주가 무한하다면 무한히 펼쳐진
우주 공간에 별들도 무한히 많을 것입니다.

 하늘을 보면 별이 무수히 많다고 볼 수 있지 않습니까?

 그 정도는 많은 것이 아닙니다. 예를 들어 무한히 펼쳐진 숲
을 상상해 보십시오. 나무와 나무 사이에는 분명 공간이 있습
니다. 그러나 관찰자 입장에서 무한히 펼쳐진 숲의 끝을 볼
수 없습니다. 혹시 유한한 작은 숲이라면 숲의 끝에 있는 나
무와 나무 사이로 공간이 보일 것입니다. 그러나 무한한 숲이
면 관찰 한계 거리까지 나무와 나무 사이에는 나무만 보일 뿐
결코 빈 공간은 보이지 않을 것입니다. 만약 우주가 무한하다

면 별도 무한히 있을 것입니다. 그러면 그 무한한 별들 사이
에 별들만 보일 뿐 빈 공간은 보이지 않을 것입니다. 그렇다
면 사방에서 오는 별빛으로 밤하늘은 대낮처럼 밝아야 합니
다. 하지만 매일 밤하늘을 보면 어둡고 군데군데 별이 빛나고
있을 뿐입니다. 따라서 우주는 유한해야 합니다.

 지치 변호사의 말이 아주 논리적이군요. 원고 측 변호사의 말
처럼 우주가 무한하다면 별도 무한히 많기 때문에 밤하늘이
아주 밝아야 할 것 같기도 합니다. 피고 측은 원고 측 변론에
대한 반론을 제기해 주십시오.

 우주가 유한하다는 주장은 인정할 수 없습니다. 원고 측 변론
처럼 지구가 유한할 경우 일어나는 오류에 대한 주장을 하는
사람들도 있지만 그 또한 오류가 많습니다. 특히 원고 측 주
장처럼 우주가 무한하다면 밤하늘이 밝아야 한다는 이론은
'올베르스의 역설'이라고 칭하고 있습니다.

 역설이라면 그 이론이 틀렸다는 건가요?

 역설이라는 것은 과학자들이 보통 그럴듯한 전제에서 출발하여
그럴듯하지 않은 결론에 도달하는 그럴듯한 논쟁을 말합니다.

 올베르스의 역설은 어떤 내용입니까?

 빛의 속도는 매초 30만km로 유한합니다. 따라서 밤하늘에
별이 무한히 가득 차 있다고 하더라도 별빛이 지구에 도달하
려면 엄청나게 오랜 시간이 걸립니다. 따라서 아직 도착하지

못한 별빛이 너무도 많기 때문에 우주가 무한하더라도 밤하늘은 어두울 수 있습니다. 이것이 '올베르스의 역설'에 대한 반론으로 제기되는 이론이지요. 지금까지 밝혀진 바에 의하면 우주는 150억 년 전에 탄생했고 암흑 에너지에 의해 팽창하고 있다는 것입니다. 밤하늘이 깜깜한 이유는 우주가 팽창한다는 증거이기도 합니다. 앞에서 말한 것처럼 우주가 가만히 정지해 있다면 우주는 많은 별에서 나오는 빛 때문에 대낮처럼 밝아야 하지만 어떤 물질이든 팽창을 하면 팽창하는 동안 에너지를 사용하므로 에너지가 줄어듭니다. 그래서 팽창하느라고 많은 별에서 나온 별빛의 에너지를 사용하기 때문에 우주는 깜깜하답니다.

 우주가 무한하더라도 별빛의 속도는 유한하기 때문에 우리에게 도달하기까지 오랜 시간이 걸려 밤하늘이 밝다고 느낄 수 없는 거군요. 혹은 우주가 유한하더라도 우주는 팽창하고 있기 때문에 밤하늘의 별빛이 약해져 어둡게 느낀다는 결론을 얻을 수 있군요.

 우주가 유한하다는 주장이 강할지라도 기술의 발달로 혹은 더 많은 증거들에 의해 우주가 무한하다고 결론이 나오면 과학 이론의 많은 것들이 바뀌어야 할 것입니다. 이와 반대로 우주가 무한하다는 주장이 강할지라도 유한하다는 것이 밝혀진다면 그 이론 또한 바뀌어야 하겠지요. 하지만 현재까지 우

주는 팽창하고 있고 밤하늘의 별들은 모래사장의 모래보다도 많은 것이 사실입니다. 또한 천문학적 관찰은 현재까지 우주의 크기에 대한 어떠한 제약도 두지 않으며 우주에서 빛을 내는 물체의 분포는 대단히 균일하다는 증거도 있습니다. 따라서 우주는 무한합니다.

 별을 비롯한 무수히 많은 빛을 내는 물체가 균일하게 분포되어 있다는 것을 통해 우주가 무한히 넓게 펼쳐져 있으며 또한 팽창하고 있다는 것을 알 수 있었습니다. 이러한 증거들과 앞으로 밝혀질 것들에 의해 우주에 대한 더 많은 이론들이 정립될 수 있길 바랍니다.

재판이 끝난 후, 조금 더 연구를 하지 않고 섣불리 발표를 한 것에 대해 후회를 한 김우주 씨는 이제는 정말 구수한이 하는 말의 반대로 해야겠다고 다짐을 하며 더욱더 연구에 주력하기로 마음먹었다.

 지구로부터 150억 광년보다 먼 거리에 있는 별은 보일까?

1광년은 빛이 일 년 동안 움직인 거리이다. 그러므로 150억 광년은 빛이 150억 년 동안 움직인 거리이다. 우리 우주의 나이가 150억 살이므로 150억 광년 이내에 있는 별빛은 우리에게 도착했지만 그보다 멀리 떨어지는 별빛은 지금 우리를 향해 오고 있는 중이므로 우리는 아직 그 별들을 볼 수 없다. 그래서 지구로부터 150억 광년의 거리를 연결한 곳을 우주의 지평선이라고 부른다. 즉 우리는 우주의 지평선 안쪽의 별들만을 볼 수 있다.

우주는 텅 비었을까요?

우주 공간에 채워진 성간 물질이란 무엇일까요?

"언니, 이것 봐. 오늘 남자 친구랑 이미지 사진 찍었어."

"둘이 커플 티까지 입고 신이 났네, 신이 났어."

"우리 잘 어울려?"

"잘 어울리긴 한데, 네 얼굴이 네 남자 친구 얼굴보다 더 큰 거 같다?"

"아니야, 내가 더 앞에 있어서 그렇게 보이는 거야."

"에이~! 아닌 거 같은데?"

"아니긴 뭐가. 아니야? 사실 어제 라면 먹고 잤는데, 그래서 그런 거야."

　이미자 씨는 평소 얼굴이 커서 스트레스를 받고 있는 동생의 심정을 아는지 모르는지 계속 동생을 놀리고 있었다.

　화가 난 동생은 온 집안에 있는 앨범을 다 뒤졌고, 언니와 형부가 찍은 사진을 들고는 언니에게로 갔다.

　"이것 봐, 언니도 형부보다 얼굴 더 크잖아."

　"어디 어디? 이건 사진이 이상하게 나와서 그런 거야."

　"웃기시네. 이 사진도 그렇고 저 사진도 그렇고 언니랑 형부랑 찍은 사진 보면 전부 언니 얼굴이 더 큰데, 언니랑 형부랑 찍은 사진은 다 이상한 거야, 그럼?"

　평소 자신의 얼굴이 크다고 생각해 본 적이 없는 이미자 씨는 갑작스런 동생의 공격에 당황했고, 한참 동안 사진을 쳐다봤다.

　"당신 안 자고 뭐해?"

　너무 충격을 받은 이미자 씨는 침대에 누워서도 계속 사진만을 바라본 채 쉽게 잠을 이루지 못했다. 다음 날 동생이 어디론가 나갈 준비를 하자 이미자 씨가 동생에게 다가갔다.

　"너 어디 가?"

　"경락 마사지 받으러."

　"경락 마사지?"

　"언니가 나보고 하도 얼굴 크다고 놀려서 얼굴 작아지는 마사지 받으러 간다고!"

"그거 하면 진짜 얼굴 작아져?"

"또 의심하는 버릇 나오지? 얼굴도 안 작아지는데 사람들이 미쳤다고 돈 쏟아 부으면서 몇 십만 달란이나 하는 경락 마사지를 받겠냐?"

평소에 의심이 많은 이미자 씨는 동생이 그렇게까지 말하자 경락 마사지에 대한 욕구가 강해졌다.

"여보, 나 경락 마사지 받으면 안 돼?"

"경락 마사지? 그게 뭐하는 건데?"

"얼굴 작아지는 마사지. 그 마사지 받으면 얼굴이 작아진대."

"뭐? 얼굴이 작아진다고? 얼굴이 무슨 찰흙도 아니고 마사지 조금 한다고 작아지는 게 말이 되니?"

안 그래도 의심이 많은 남편은 경락 마사지에 대한 강한 불신을 드러냈다.

"우리 동생도 경락 마사지 받으러 다닌단 말이야, 나도 받게 해 줘."

"뭐? 무슨 돈이 썩어나니? 처제, 완전 정신이 나갔군그래."

의심이 많은 이미자 씨의 남편은 절대 허락을 해 주지 않았고, 이미자 씨는 그런 남편을 계속 따라다니며 졸랐다.

"좋아, 그럼 오늘부터 일주일 동안 처제 얼굴 둘레를 재어 보고 효과가 있으면 당신도 보내줄게."

그렇게 매일 저녁 이미자 씨와 그의 남편은 동생의 얼굴 크기를

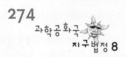

줄자로 재어 기록을 했다.

"언니, 이거 꼭 해야 돼?"

"동생아, 미안해! 조금만 참아."

동생은 언니와 형부가 줄자로 얼굴을 잴 때마다 반항을 했지만, 이미자 씨의 남편은 동생의 얼굴을 꼭 잡은 채 고정시켰고 그 틈을 타 이미자 씨는 동생의 얼굴 둘레를 쟀다. 그렇게 일주일이 지났고, 이미자 씨 부부는 그동안의 기록을 확인했다.

"이거 봐, 줄었다 늘었다 하잖아. 이거 다 사기야, 사기."

얼굴 크기에 커다란 변화가 없자 이미자 씨의 경락 마사지는 허락되지 않았고, 그녀의 동생까지 의심 많은 형부의 덕분으로 경락 마사지를 그만둬야 했다.

그러던 어느 날 청소기가 고장 났고, 이미자 씨 부부는 청소기를 사러 갔다.

"청소기 좀 보고 싶은데요."

"아, 이쪽으로 오세요. 요 아이가 오늘 새로 들어온 신제품인데요, 스팀 기능까지 있어서 걸레질할 필요도 없어요."

"걸레질까지 해 준다고? 그럼 전자제품에서 물이 나온다는 얘기 아니야? 그게 말이나 돼?"

의심이 많은 이미자 씨의 남편은 또 의심을 하기 시작했다.

"여보, 그러지 말고 우리 이거 사자."

이미자 씨의 고집으로 결국엔 스팀 기능의 청소기를 구입했다.

하지만 일주일도 안 가서 고장이 났고, 화가 난 이미자 씨 부부는
따지러 갔다.

"이거 봐, 내가 이럴 줄 알았대도."

"죄송합니다. 저희가 새 제품으로 바꿔 드릴게요."

"뭐? 죄송? 죄송하면 다야? 당신, 세상 참 편하게 사네."

이미자 씨 부부가 난리를 치는 바람에 회사에서 우주여행권을
주며 이 부부를 돌려보냈다.

"이게 웬 떡이야? 거봐, 자다가도 내 말을 들으면 떡이 생기잖아?"

기분이 좋아진 이미자 씨 부부는 싱글벙글해하며 텔레비전을
보고 있었다.

"로켓 타고 가요~♩♪ 우리 로켓은 달까지 여러분을 모십니다. 지
구와 달 사이에는 아무 물질도 없으므로 우리 로켓은 전혀 흔들리지
않습니다. ─ 거북이 우주여행사 ─"

"여보, 우리 저 로켓 타고 가잖아."

"아, 거북이 우주여행사가 저거였어? 근데, 저 광고 좀 이상한데?"

"또 뭐가?"

"우주에 아무 물질도 없이 텅 비어 있다는 게 말이나 돼?"

"저 사람들이 그렇다면 그런 거겠지, 왜 또 의심을 하고 그래?"

"내가 뭐랬어? 자다가도 내 말을 들으면 떡이 나온다 그랬지?"

도저히 저 말에 동의할 수가 없어. 거기다가 우리가 타고 갈 로켓인데. 저거 타고 가다가 죽으면 어떡해, 당신이 책임질래?"

"어휴~! 그래, 내가 책임질게."

"쳇, 귀신 돼서 책임질래? 안 되겠어, 당장 지구법정에 의뢰해야겠어."

우주 공간은 진공이 아니라 티끌 입자와 기체로 채워져 있는데 성간 기체는
수소와 헬륨 그리고 미량의 다양한 원소들로 구성되어 있습니다.

우주는 텅 비었을까요?
지구법정에서 알아봅시다.

우주 공간에는 아무것도 없는 진공일까요?
우주 공간이 어떤 물질로 채워져 있는지 알아
보도록 하겠습니다.

 재판을 시작하겠습니다. 우주 공간이 아무것도 채워지지 않
은 진공 상태라는 주장에 대한 옳은 결론을 얻기 위한 재판이
열리겠습니다. 우주 공간이 진공으로 되어 있다는 주장이 옳
다고 생각합니까? 먼저 피고 측 변론을 들어 보겠습니다.

 원고는 우주여행을 위해 여러 가지 걱정이 되는 것을 이해합
니다. 우주를 여행한다는 것은 많은 위험이 따르겠지만 우주
공간은 큰 행성들을 제외하고는 진공으로 되어 있습니다. 따
라서 소행성이나 큰 행성을 비켜 간다면 우주를 여행하는 동
안 로켓의 길을 막을 어떠한 물질도 없습니다.

 피고 측은 우주여행 도중 로켓에 충돌하거나 어떤 물질들이
나타나 앞을 가리면 운행에 지장을 줄 수 있는데 그런 모든
경우에 대한 책임을 질 수 있습니까?

 여행 도중 로켓의 운행에 문제가 있다면 당연히 책임을 져야

하지요. 이렇게까지 장담하는 이유는 우주는 진공으로 되어 있다는 것에 대한 확신이 있기 때문입니다. 하하하!

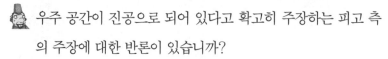 우주 공간이 진공으로 되어 있다고 확고히 주장하는 피고 측의 주장에 대한 반론이 있습니까?

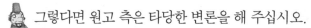 우주 공간이 진공으로만 되어 있다는 주장을 받아들일 수 없습니다.

그렇다면 원고 측은 타당한 변론을 해 주십시오.

우주공학연구소의 더널버 소장님을 증인으로 모셔서 말씀을 들어 보도록 하겠습니다.

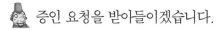 증인 요청을 받아들이겠습니다.

우주 사진 여러 장과 소행성과 행성 사진들이 스크랩된 큰 스케치북을 두 권이나 든 50대 중반의 남성이 근엄하면서도 편안한 표정을 짓고 증인석에 앉았다.

우주 공간에 대한 설명을 부탁드립니다. 우주는 진공으로 비어 있는 건가요?

한때 많은 과학자들이 우주 공간이 진공으로 되어 있다고 믿었던 적이 있었습니다. 물론 우주는 지구상에서 살고 있는 우리의 감각으로 볼 때 진공이라고 말할 수 있습니다. 지구의 대기권 밖으로만 나가도 진공의 정도는 지상에서 어떠한 진

공 장치로도 만들어 낼 수 없는 초진공 상태이기 때문입니다. 하지만 우주 공간은 완전한 진공이라고 말할 수는 없습니다.

 우주 공간이 진공이 아니라면 무엇으로 채워져 있습니까?

 청명하게 맑은 밤과 안개가 낀 날 밤 도시의 야경을 보면 맑은 날에 비해 안개가 낀 날은 멀리 있는 가로등이 더 어둡게 보인다는 사실을 알 수 있습니다. 만약에 관측자가 안개가 있는지를 모른다면 가로등이 실제보다 더 멀리 있다고 생각할 수 있습니다. 그리고 이러한 오류는 멀리 있는 것일수록 더 심하게 발생합니다. 이러한 원리로부터 천문학자인 트럼플러는 우리 은하계에 별과 별 사이에 빛을 가리는 무언가가 존재한다고 주장했고, 오늘날 우리는 이러한 것을 성간 물질이라고 부르고 있습니다.

 우주 공간에 채워진 성간 물질은 무엇인가요?

 성간 물질은 은하계 내에 전체적으로 퍼져 있으며, 별이 아닌 물질을 말합니다. 은하와 은하 사이에도 물질은 있는데, 이것은 특별히 은하간 물질이라고 부릅니다.

 성간 물질은 어떤 물질이 모여서 만들어진 겁니까?

 성간 공간은 티끌 입자와 기체로 채워져 있으며 성간 기체는 수소와 헬륨 그리고 미량의 다양한 원소들로 구성되어 있는데, 우리는 이러한 성간 기체들이 내는 고유한 파장의 빛을 관측하여 구성비, 분포 등의 특성을 알아낼 수 있습니다. 우주를 구성하는 대부분의 원소는 수소가 성간 공간에 분포하는 성간 기체의 대부분의 양을 차지합니다. 이러한 수소 기체는 온도가 매우 낮고 분자 상태로 존재하는데, 가까이에 아주 뜨겁고 밝은 별이 있는 경우를 제외하고는 우리가 눈으로 볼 수 있는 빛을 내지 않습니다. 그리고 기체로 존재하는 경우에는 티끌의 경우와는 달리 성간 차폐를 일으키는 정도가 매우 낮아서 이러한 성간 기체에 관해서는 보통의 빛으로 알아내기 어렵습니다.

성간 기체의 특징은 어떤 것이 있으며 이러한 성간 기체는 어떻게 만들어지는 것입니까?

20세기 중반에 천문학자들은 전파망원경이라는 새로운 도구를 발명하여 눈으로는 보이지 않는 전파 영역의 빛을 연구하기 시작했으며 이를 이용하여 1950년대에 이전까지 볼 수 없었던 우리 은하계 내의 성간 공간에 분포하는 차가운 수소 분자에서 내는 전파를 검출하여 은하계 구조를 알아내기도 했습니다. 그리고 별의 진화 과정을 보면 별과 별 사이에 기체들이 모여서 아기별이 탄생하고 다시 죽어서 성간 공간으로 흩어진다는 사실을 알 수 있습니다. 성간 기체는 별 생성의 원료이자 별이 죽은 쓰레기인 셈이며 우리는 밤하늘에 아름답게 보이는 성운의 모습에서 이러한 대우주의 순환을 볼 수 있습니다.

별이 탄생하는 영역을 우리는 HII 영역이라고 부르는데, 대표적인 방출성운의 하나로 오리온 대성운이 있고 별이 죽어가는 과정에서 격렬한 초신성 폭발로 별의 물질을 우주로 방출하는 과정에 있는 초신성 잔해, 별의 잔해가 우주로 퍼져나가는 행성상성운 등은 기체에서 발생하는 빛이 우리에게 보이는 방출성운에 해당합니다.

 성간 티끌은 어떤 물질인가요?

 성간 티끌은 성간 기체와 더불어 성간 물질의 대부분을 구성하며 우주 공간에는 평균적으로 63빌딩만한 공간에 담배 연기의 알갱이만한 티끌이 한 개 정도 들어 있습니다. 이러한 성간 티끌은 먼 곳에서 오는 별빛을 차단하여 별빛을 어둡게 만드는 성간 소광을 일으키기도 하며, 고밀도로 모여 있는 영역에서는 아예 가시광을 차단하여 암흑성운으로 관측되기도 합니다.

또한 성간 티끌이 빛을 가리는 정도는 빛의 파장에 따라 다른데, 파장이 긴 붉은색으로 갈수록 빛을 가리는 양이 적습니다. 그래서 별들은 성간 티끌의 영향으로 원래의 밝기보다 어둡게 관측되는 성간 소광과 원래의 색깔보다 더 붉게 관측되는 성간 적색화 현상이 생기게 됩니다. 성간 티끌에 의해 산란된 빛이 우리에게 관측되는 천체를 반사성운이라고 하고 성간 티끌에 의해 별빛이 편광되어 관측되기도 하는데, 성간 편광은 우주 공간의 자기장에 대한 중요한 정도를 우리에게 알려줍니다. 여기서 성간 편광이란 우주 공간에 있는 작은 티끌 입자들이 자기장의 방향에 대해 수직으로 정렬되어 정렬된 방향으로 편광된 별빛을 흡수하기 때문에 나타나는 현상으로 편광의 방향은 자기장의 방향과 일치합니다.

 성간 물질들은 다양한 특징들을 가지는군요. 이렇게 다양한 성간 물질들은 우주여행 중에 무시할 만큼 적은 양이 아닙니다. 따라서 우주 공간이 진공으로 되어 있다는 피고 측의 주장을 받아들일 수 없습니다. 성간 물질에 대한 고려 없이 우주여행을 한다는 것은 위험한 일입니다.

우주여행을 하기 위해서는 모든 장애에 대해 대책을 마련해야 합니다. 안전이 확보되지 않는다면 무모한 여행이 될 것입니다. 우주 공간은 진공이 아니라 성간 물질로 채워져 있다고 판단됩니다. 피고 측은 성간 물질에 대해 안전한 대비책을 마련하고 여행을 할 수 있도록 해야 할 것입니다. 이상으로 재

우리은하의 모습

우리은하는 수조 개의 별들로 이루어져 있다. 우리은하를 옆에서 보면 중앙이 불룩 튀어 나온 거대한 원반 모양이다. 우리은하의 지름은 10만 광년이고 두께는 은하의 중심 쪽은 3천 광년 정도로 두껍고 태양이 있는 곳에서는 5백 광년 정도로 얇다. 우리은하를 위에서 보면 네 개의 나선 팔을 가진 소용돌이치는 모습이다. 우리은하의 한가운데에는 오래된 붉은 별들이 많아 붉게 보이고 나선 팔에는 젊은 별과 늙은 별들이 섞여 있다. 태양은 한쪽 나선 팔의 중간에 있다.

판을 마치도록 하겠습니다.

 재판이 끝난 후, 평소 의심이 많은 남편에게 불만이 많았던 이미자 씨는 이번 사건을 계기로 무엇이든 의심해 보고 따져보는 남편의 성격도 좋을 때가 있다는 것을 경험했다. 그 후로는 남편의 의견대로 뭐든 따르기로 마음먹었다.

과학성적 끌어올리기

외부 은하의 발견

우리가 눈으로 보는 별은 모두 우리은하에 있는 별들입니다. 그렇다면 우주에 별들이 모여 있는 은하가 우리은하뿐일까요? 물론 그렇지는 않습니다. 우리은하가 아닌 다른 은하를 최초로 관측한 사람은 미국의 천문학자 허블입니다.

허셜의 우리은하 발견 이후 1908년까지 천문학자들은 15,000여 개의 성운을 발견했습니다. 성운이란 별을 만들지 못한 성간 물질들이 구름처럼 퍼져 있어 별빛을 반사시켜 빛을 내는 천체이지요. 이 당시 천문학자들은 이들 성운들이 우리은하 속에 있는지 아니면 외부에 있는지에 관심이 많았습니다. 하지만 이를 위해서는 빛을 많이 모아 더 정확하게 천체를 관측할 수 있는 망원경이 필요했지요. 그러기 위해서는 망원경의 지름이 커야만 했습니다.

1917년 미국 시카고 대학에서 천문학 박사가 된 허블은 윌슨산 천문대에서 천문학 연구를 했습니다. 이 천문대는 당시 세계에서 가장 큰 망원경을 가지고 있었는데 이 망원경의 지름은 무려 2.5미터나 되었지요.

허블은 이 망원경을 이용하여 지구로부터 90만 광년 떨어진 거리에 있는 별을 발견했습니다. 그 별은 마치 성운처럼 보이는 천체 속에서 관측되었지요. 우리은하의 지름이 10만 광년이므로 이별은 우리은하의 별은 아니었습니다. 허블은 좀 더 정밀한 관측을 통해 이 별은 새로운 은하의 별이라는 것을 알아냈습니다. 이것이 바로 우리은하에서 가장 가까운 은하로 최초의 외부 은하인 안드로메다은하입니다.

하지만 당시 별까지의 거리에 대한 허블의 관측은 그리 정확하지 않았습니다. 최근의 관측 자료에 의하면 안드로메다은하까지의 거리는 약 230만 광년으로 알려져 있습니다. 그 후 과학자들은 우주에는 수많은 은하들이 있다는 것을 알아냈습니다.

우주 팽창의 발견

안드로메다은하의 발견보다 허블의 이름을 더욱 유명하게 한 것은 우주 팽창의 발견입니다. 당시 과학자들은 우주가 정지해 있는지 아니면 점점 커지는지에 대해 의견이 나뉘어졌습니다. 상대성 이론으로 유명한 아인슈타인은 1917년 우주는 점점 커지지도 않고 점점 작아지지도 않고 항상 같은 크기를 가지고 있다는 정지 우주 모형을 주장했고, 1922년 러시아의 과학자 프리드먼은 우주가 아주 작은 크기였다가 점점 커지고 있다는 우주 팽창 모형을 주장했습니다. 그 후 아인슈타인의 정지 우주 모형과 프리드먼의 팽창 우주 모형은 팽팽하게 맞섰습니다.

1929년 허블은 안드로메다은하가 우리은하로부터 점점 멀어지고 있다는 것을 관측했습니다. 즉 우주가 점점 커지고 있다는 증거를 찾은 것이지요.

왜 그럴까요? 풍선을 불기 전에 별 스티커를 붙여 놓아 보세요. 별 스티커들 사이의 거리가 가깝지요? 하지만 풍선을 점점 크게 불어 보세요. 풍선이 점점 커지면서 별 스티커들 사이의 거리가 점점 멀어질 것입니다.

여기서 풍선을 우주로 별 스티커를 은하로 생각해 보세요. 우주가 점점 커지면 은하와 은하 사이의 거리가 점점 멀어진다는 것을 알 수 있습니다. 그러므로 허블의 관측은 우주가 점점 커지고 있다는 것을 말합니다.

허블의 관측 이후 아인슈타인은 정지 우주 모형은 '인생 최대의 실수'라고 시인하면서 곧바로 프리드먼의 팽창 우주 모형이 옳다는 것을 인정했습니다.

허블의 법칙

우주가 점점 팽창하고 있다면 우리 우주는 처음에 아주 작았을 것입니다. 허블이 우주 팽창 사실을 알아낸 후 과학자들은 우리 우주가 아주 작은 크기에서 출발해 점점 커져 지금의 우주 크기가 되었다고 결론을 내리게 되었습니다.

허블은 우리은하 주위의 여러 은하들이 우리로부터 멀어지는 속도가 그 별들과 우리 사이의 거리와 관계있다는 사실을 알아냈습니다. 그의 관측에 따르면 가까이 있는 은하는 천천히 멀어지고, 멀리 있는 은하는 빠르게 멀어졌지요. 이것은 은하가 멀어지는 속도가 은하와 우리은하 사이의 거리에 비례한다는 것을 뜻하는데 이것을 허블의 법칙이라고 부릅니다.

허블은 이 법칙을 이용하여 우리 우주의 나이를 계산했습니다. 즉 모든 은하들이 달라붙어 있었을 때를 우리 우주의 처음 시작이라고 하면 지금 떨어져 있는 은하들 사이의 거리로부터 우수의 나이를 구할 수 있었지요.

허블의 관측을 토대로 계산한 우주의 나이는 20억 년이었습니다. 그런데 지구의 나이는 45억 년이지요. 그러면 지구가 먼저 태어나고 나중에 우주가 태어났다는 얘기인가요? 그렇지는 않습니다. 이것은 은하와 은하 사이의 거리가 정확하지 않아 우주의 나이가 잘못 계산되었기 때문입니다. 현재에도 은하와 은하 사이의 거리를 백퍼센트 정확하게 측정할 수는 없습니다. 그러므로 허블의 법칙에 따라 우주 나이를 재어 보면 우주 나이는 110억 년에서 220억 년 사이에 있습니다. 하지만 과학자들은 여러 가지 다른 이론을 토대로 우주의 나이를 150억 년이라고 추정하고 있습니다.

지구과학과 친해지세요

이 책을 쓰면서 좀 고민이 되었습니다. 과연 누구를 위해 이 책을 쓸 것인지 난감했거든요. 처음에는 대학생과 성인을 대상으로 쓰려고 했습니다. 그러다 생각을 바꾸었습니다. 지구과학과 관련된 생활 속의 사건이 초등학생과 중학생에게도 흥미 있을 거라는 생각에서였지요.

초등학생과 중학생은 앞으로 우리나라가 21세기 선진국으로 발전하기 위해 필요로 하는 과학 꿈나무들입니다. 우리가 살고 있는 지구는 기후 온난화 문제, 소행성 문제, 오존층 문제 등 많은 문제를 지니고 있습니다. 하지만 지금의 지구과학 교육은 논리보다는 단순히 기계적으로 공식을 외워 문제를 푸는 것이 성행하고 있습니다. 과연 우리나라에서 베게너 같은 위대한 지구과학자가 나올 수 있을까 하는 의문이 들 정도로 심각한 상황에 놓여 있습니다.

저는 부족하지만 생활 속의 지구과학을 학생 여러분들의 눈높이에 맞추고 싶었습니다. 지구과학은 먼 곳에 있는 것이 아니라 우리 주변에 있다는 것을 알리고 싶었습니다. 지구과학 공부는 우리 주변의 관찰에서 시작됩니다. 올바른 관찰은 지구의 문제를 정확하게 해결할 수 있도록 도와줄 수 있기 때문입니다.